数学故事专辑

中国科普名家名作·典藏版

哪吒大战

李毓佩◎著

李毓佩教授
献给少儿
的礼物

红孩儿

数学童话故事

中国少年儿童新闻出版总社
中国少年儿童出版社
北京

U0278197

图书在版编目（CIP）数据

哪吒大战红孩儿（典藏版）/ 李毓佩著．—北京：中国少年儿童出版社，2011.6（2025.3重印）
（中国科普名家名作·数学故事专辑）
ISBN 978-7-5148-0193-4

Ⅰ．①哪… Ⅱ．①李… Ⅲ．①数学－少儿读物 Ⅳ.
① 01－49

中国版本图书馆 CIP 数据核字（2011）第 062418 号

NEZHA DAZHAN HONGHAIER (DIANCANGBAN)
（中国科普名家名作·数学故事专辑）

出 版 发 行： 中国少年儿童新闻出版总社
中国少年儿童出版社

执行出版人：马兴民
责任出版人：缪 惟

策 划：薛晓哲	著 者：李毓佩
责任编辑：许碧娟	责任校对：杨 宏
装帧设计：缪 惟	责任印务：厉 静

社 址：北京市朝阳区建国门外大街丙 12 号　　　邮政编码：100022
总 编 室：010-57526070
发 行 部：010-57526568
官方网址：www.ccppg.cn

印刷：北京华宇信诺印刷有限公司

开本：880mm × 1230mm 　 1/32　　　　　　　　印张：6.625
版次：2011 年 6 月第 1 版　　　　　　印次：2025 年 3 月第 33 次印刷
字数：80 千字　　　　　　　　　　　　印数：469001－477000 册

ISBN 978-7-5148-0193-4　　　　　　　　　　　定价：19.00 元

图书出版质量投诉电话：010-57526069　　电子邮箱：cbzlts@ccppg.com.cn

那乇大战红孩儿

一　哪吒大战红孩儿

那毛大战饪玩儿

哪吒大战红孩儿

1. 哪吒出征

一日，托塔天王李靖正在操练天兵天将，忽然探子来报，说在枯松涧火云洞住着一伙妖精，专干坏事，残害百姓。

李天王闻言大怒："岂有此理！朗朗乾坤，怎能容妖怪横行！来人，我要出兵讨伐妖孽，何人愿做先锋官？"

1

　　李天王话音未落，下面同时站出3员大将，3人同时抱拳说："儿愿打头阵！"天王定睛一看，原来是自己的3个儿子：金吒、木吒和哪吒。

　　见3个儿子争当先锋官，李靖甚感为难。李天王稍一迟疑，只听下面又"呼啦啦"站出多人请战："我愿做先锋官！我愿做先锋官！"天王一看，原来是巨灵神、大力金刚、鱼肚将、药叉将等众天将。

　　李天王摇摇头说："这可怎么办，这可怎么办！先锋官只要一个，你们都想当，我如何定夺？"

　　话音刚落，只见巨灵神站出来说："我有个主意，

大家来比比个子高矮，身材高自然力不亏，选个高的当先锋官是最佳选择。"

没想到大力金刚第一个不乐意，他说："比身高不如直接比力气，力气大者，当！"

"那不行，你是大力金刚，那当然是你力气大了！"众多天将一致反对。大家你一言我一语，有的说应该这么比，有的说应该那么比，一时间操练场上闹哄哄的。

"诸位安静。"这时一声清脆的童音响起，大家一看，出来说话的是李天王的三太子哪吒。哪吒笑嘻嘻地说："我刚才数了一下，出来争当先锋官的一共有31人。我建议这31人排成一横排，排的时候自己找位置站好。"

巨灵神问："三太子，你这是玩的什么把戏？"

哪吒调皮地眨眨眼睛，说："31人站好之后，从左到右1，2，3报数；凡是报3的留下来，其他的淘汰。留下的人再1，2，3报数，把报3的留下来，其

余的淘汰。这样报下去，最后剩下的一个，就是先锋官。"

李天王也没有别的好办法，闻此言点点头说："好！就这么办！"

众天将都飞快地转动着脑筋，琢磨自己应该站到哪个位置上。巨灵神抢到了第 3 号位置，他乐呵呵地说："我报 3，我不会被淘汰。"

金吒飞快地跑到第 6 号位置，木吒想了想站到了第 9 号位置。而哪吒呢，他毫不迟疑地站到了第 27 号位置。

报数开始，第一轮过后，剩下了 10 个人，巨灵神、金吒、木吒、哪吒都留下了。此时巨灵神变成了 1 号位置，金吒变成了 2 号位置，木吒变成 3 号，而哪吒变成了 9 号。

巨灵神一开始还扬扬得意，后来一看自己变成了 1 号，登时垂头丧气起来。

第二轮报数过后，剩下了 3 个人。巨灵神和金吒被淘汰，木吒变成了 1 号，哪吒变成为 3 号。第三轮过后，只剩下了哪吒一人。哪吒如愿拿到了先锋官的令旗。

一旁的木吒很纳闷，他小声问哪吒："你选择 27 号，为什么就会留到最后？"

哪吒神秘地一笑，耳语道："从 1 到 31，因数只含 3 的数有三个，即 3，9 = 3 × 3，27 = 3 × 3 × 3。而每次报数等于用 3 去除这个数，留下能整除的。27 含有三个 3，用 3 除它三次，它还得 1 哪！"

哪吒令旗一挥："发兵火云洞！"

2. 不和傻子斗

话说哪吒脚踏风火轮，肩头斜背乾坤圈，带着众天兵天将直奔枯松涧火云洞而来。来到洞口，只见大门紧闭，门上贴有一张告示，上面写着："哪吒小子听真：

我圣婴大王从不和傻子斗。要想和我过招，先要回答下面的问题，看看你是不是傻子。若不傻，再和我交手。

在四个 6 之间添加适当的数学符号，使它们的结果分别等于 1，2，3，4，5，6，7，8：

$$6 \ 6 \ 6 \ 6 = 1, \quad 6 \ 6 \ 6 \ 6 = 2,$$

$$6 \ 6 \ 6 \ 6 = 3, \quad 6 \ 6 \ 6 \ 6 = 4,$$

$$6 \ 6 \ 6 \ 6 = 5, \quad 6 \ 6 \ 6 \ 6 = 6,$$

$$6 \ 6 \ 6 \ 6 = 7, \quad 6 \ 6 \ 6 \ 6 = 8。$$

圣婴大王　红孩儿 "

　　哪吒看完告示，气得七窍生烟，哇哇乱叫。他摘下乾坤圈就要向洞门砸去，二哥木吒赶忙拦住。

　　木吒说："三弟息怒！傻子斗气，聪明人斗智。前些年我和红孩儿打过交道，他聪明过人，不可小看。另外，他出如此简单的题目，不妨给他做出来，以显我天兵天将的大度。"

　　"也好！"哪吒说罢略一思索，很快就给 8 个算式添上了数学符号：

$$66 \div 66 = 1, \qquad 6 \div 6 + 6 \div 6 = 2;$$

$$(6 + 6 + 6) \div 6 = 3, \quad 6 - (6 + 6) \div 6 = 4;$$

$$66 \div 6 - 6 = 5, \qquad 6 + (6 - 6) \times 6 = 6;$$

$$(6 + 6 \times 6) \div 6 = 7, \quad 6 + (6 + 6) \div 6 = 8。$$

　　哪吒刚刚填完，只听"轰隆隆"一阵巨响，火云洞洞门大开，从洞里蹿出 6 个怪物。他们是红孩儿的六大干将，分别叫做云里雾、雾里云、急如火、快如风、兴烘掀、掀烘兴。他们一个个龇牙咧嘴，嘴里不停地说着："哇！又来送好吃的了。"

　　六干将分左右刚刚站好，红孩儿带着一阵狂风从洞里冲了出来。只见他上身赤裸，腰间束一条锦绣战裙，光着双脚，手中拿着一杆一丈八尺长的火尖枪。

　　红孩儿脑袋一晃，喝道："什么人来送死?"

　　哪吒一指红孩儿："大胆妖孽，竟敢无视天庭，独霸一方，鱼肉百姓！今日天兵天将到此，还不快快跪倒投降！"

　　红孩儿"嘿嘿"一阵冷笑："口气倒不小，要想

你怎么光膀子就出来了？太没教养了吧！

让我投降，你问问我手中的火尖枪答不答应！看枪！"
声到枪到。

哪吒也不含糊，大喝一声，手舞乾坤圈和红孩儿
战到了一起。只见红孩儿把一杆火尖枪使得密不透
风，哪吒抡起乾坤圈是圈套圈连成一体，不见哪吒身
影。好一场大战，两人从日出一直战到日落，硬是不
分高下，把一旁观战的天兵天将和小妖们看傻了眼。

红孩儿见一时半会儿赢不了，便虚晃一枪，说：
"今日天色已晚，且留你多活一夜，明日再和你大战三

还没打完哪！不看了，困死我了！

百回合!"说完掉头回洞,"咣当"一声,洞门关闭。

哪吒一看,气得大叫:"你这小屁孩,别当缩头乌龟呀!"哪吒忘了,他自己也是"小屁孩"。哪吒抢起乾坤圈就往洞门砸去,可无论他们怎么叫阵,红孩儿就是不出来。哪吒只好悻悻然回大营,边走边想:"也罢,待我休整一晚,明天再收拾他。"

3. 三头六臂

第二天一早,哪吒就领着天兵天将来到火云洞前叫阵:"小小红孩儿,你这缩头乌龟,快快出来受死!"

"哗啦"一声,洞门大开,红孩儿带着六干将和众小妖杀了出来。

哪吒和红孩儿见面分外眼红,两人也不搭话,各挺兵器杀在了一起。你来我往,杀了足足有一个时辰,仍不见高低。

突然，哪吒大喊一声："变！"只见他身子一晃，立刻变成了三头六臂。红孩儿一见，倒抽一口凉气。原来哪吒的六只手分别拿着六件兵器，它们是斩妖剑、砍妖刀、缚妖索、降妖杵、绣球儿、火轮儿。

哪吒叫道："接着！"六件兵器一齐向红孩儿打去。红孩儿立刻慌了手脚，他的火尖枪顾得东来顾不了西，顾了上顾不了下，忙乱之中红孩儿的后背被降妖杵狠狠地打了一下。

"哇呀呀！"红孩儿痛得大叫一声，跳出了圈外。红孩儿把手一挥："小的们，上！"只见云里雾、雾里云、急如火、快如风、兴烘掀、掀烘兴六干将一齐冲了上去。他们每人对付哪吒的一件兵器，这样，哪吒一对六，"叮叮当当"地战在了一起。

激战中，哪吒喊了一声："变！"只见哪吒六只手拿的兵器换了一个次序，云里雾本来是对付斩妖剑的，瞬间却变成了砍妖刀。云里雾哇哇叫道："糟糕！对付剑的招数和对付刀的招数不一样啊！"话音未落，云

里雾的大腿被砍妖刀砍了一刀。那边厢，急如火的胳膊被斩妖剑刺中了一剑。

没等这六干将回过神来，哪吒又喊了一声："变！"哪吒六只手拿的兵器又换了一个次序，云里雾对付的砍妖刀又变成了缚妖索。六干将手忙脚乱，乱作一团。没战多会儿，云里雾就被缚妖索捆了个结结实实。

就这样没变几次，六干将伤的伤，被捉的被捉。红孩儿见状大惊。

红孩儿问哪吒："你那六只手拿的兵器，一共有多少种不同的拿法？"

哪吒"嘿嘿"一笑，神气地说："我说出来你可别害怕，一共有 720 种不同的拿法！"

"有这么多？"红孩儿不信。

"还不信？好吧，今天你爷爷就给你算算，也让你长长见识。"哪吒说，"2 只手拿 2 件兵器，可以有 2 种不同的拿法，也就是 $1 \times 2 = 2$；3 只手拿 3 件兵器，

有 $1 \times 2 \times 3 = 6$ 种不同的拿法；4 只手拿 4 件兵器，有 $1 \times 2 \times 3 \times 4 = 24$ 种不同的拿法；6 只手拿 6 件兵器，就有 $1 \times 2 \times 3 \times 4 \times 5 \times 6 = 720$ 种不同的拿法。"

"呀，厉害！"红孩儿倒吸了一口凉气，心想：看来这小子有点招，我得回家想想对策去。于是他一溜小跑跑回了火云洞，边跑边说："你有你的绝招，我有我的绝活儿，今天就斗到这儿，明天再斗！"

咱们走着瞧！

哪吒大获全胜，押着俘获的云里雾返回了大营。

4. 厉害的火车子

一大早，休整完毕的哪吒就来到火云洞前叫阵。来到洞口，哪吒一看，奇了怪了，洞前有了变化。也

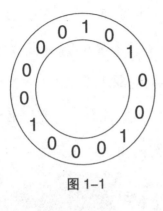

图 1-1

不知道红孩儿玩的什么把戏，他在洞前画了一个环形的大圈，边上写了许多 0 和 1（图 1-1）；环中间放着 5 辆车子，车上盖着布，布下不知藏了些什么东西。

哪吒正纳闷，一声炮响，洞门大开，红孩儿领着一群小妖冲了出来。

哪吒一指红孩儿："小小红孩儿，昨日你已战败，今日快快投降，我可免你一死！"

红孩儿"嘿嘿"一阵冷笑："你省省吧，咱俩的比试刚刚开始，哪谈得上投降啊？接招儿吧！"说完，他一只手捏着拳头，照着自己的鼻子狠狠捶了两拳，滴出几滴鼻血。红孩儿把鼻血往脸上一抹，抹了个大红脸。

只听红孩儿大声念了两遍咒语："10100100010000，10100100010000。"然后突然把嘴

　　一张，从口中喷出火来。接着他又把火尖枪向上一指，环中停着的 5 辆车子全部燃起了熊熊烈火；他再把火尖枪向前一指，烈火直奔哪吒烧来。

　　哪吒见状大惊，口念避火诀，朝红孩儿冲杀过去。没到跟前，红孩儿又猛地喷了几口大火，烧得哪吒睁不开眼，只好败下阵来。

　　好一股大火，把半边天都烧红了。天兵天将们躲避不及，慌作一团。大火越烧越烈，天兵天将的眉毛胡子着了，衣服也着了，烧得他们"妈呀！妈呀！"地

乱叫，一个个屁滚尿流。

哪吒见势不好，连忙叫道："兄弟们，火势太猛，先逃回大营！"说完脚下一使劲，踏着风火轮一溜烟跑回大营。只听后面红孩儿哈哈大笑，"哪吒，有本事的别跑呀！"

回到大营，哪吒召集众将商量对策。巨灵神、大力金刚等天兵天将一个个烧得焦头烂额，垂头丧气。哪吒问大家有何破敌之计。

木吒说："红孩儿使的是火车子，就是不知道他念的咒语 10100100010000 是什么意思，无法破它。"

怎么能知道这咒语的含义呢？哪吒忽生一计，他令天兵把俘虏的云里雾押来——云里雾是红孩儿六干将之一，应该知道点什么。可是云里雾说，他也不知道咒语的含义。

哪吒托腮沉思良久，忽然起身走到云里雾跟前，绕云里雾转了一圈。咦，怪事出现了，站在大家面前的是两个长得一模一样的云里雾。其中一个云里雾朝

大家招招手："我回火云洞了，再见!"天兵刚想阻拦，木吒笑着摆摆手，说："随他去吧!"

5. 智破火车子

惭愧呀，研究了这么多年都没弄出来，竟然不如一个小孩子!

云里雾回到火云洞，红孩儿见爱将回来心里十分惊喜，问他是怎么跑回来的。云里雾胡编了几句，乱吹了一通。红孩儿信以为真，令小妖摆宴席，给云里雾接风压惊。

酒过三巡，菜上五味，红孩儿得意地问："云里雾，那些天兵天将被我的火车子烧得怎么样啊?"

　　"惨不忍睹!"云里雾谄媚地说，"大王的火车子果然十分厉害，那巨灵神被烧成了一个大秃子，大力金刚的脸都烧黑了。"

　　"哈哈!"红孩儿大笑，一扬脖把一大杯酒喝了下去，"痛快，痛快! 让他们尝尝我火车子的厉害!"

　　红孩儿夹了一口菜又问："他们下一步打算怎么办?"

　　"还能怎么办?"云里雾说，"小的听几个看押我的天兵天将嘀咕，说哪吒弄不清楚你念的咒语10100100010000是什么意思，正准备撤兵哪!"

　　红孩儿十分得意："我以为哪吒有多聪明，谁知连个咒语都弄不清楚，真是个傻瓜蛋!"

　　云里雾见红孩儿醉意甚浓，眼珠转了转，忙把身子往前凑了凑，问："大王真是高明。不过，小的好奇，我跟您这么多年，都不知道这咒语的含义，不知……"

　　红孩儿正喝得兴头上，也没多加提防，说："告

诉你也无妨。5 辆火车子放在一个环形的大圈里面，环的边上写着 4 个 1 和 10 个 0，共 14 个数字。如果我念的是这 14 个数字组成的最大数，大火就向外烧——10100100010000 就是最大数。"

云里雾问："如果念的是这 14 个数字组成的最小数呢？"

红孩儿脸色突变："那可就坏了，大火就反向往内烧了！"

"哦——是这么回事。"云里雾点点头，心里窃喜。过了一会，云里雾瞅准时机，冲红孩儿一抱拳："大王，我去方便方便。"

没想到，云里雾出了大厅后并没有回来，而是偷偷溜出了火云洞。出洞后他把脸一抹，现出了本相，原来这个云里雾是哪吒变的。哪吒踏着风火轮朝大营方向赶，边走边想：好小子，看爷爷待会怎么收拾你！回到大营，哪吒把咒语的秘密告诉了众天将。

众天将面面相觑，大力金刚摇摇头："谁能知道

最小数是多少哪？"

"这个容易。"哪吒说，"要想让这个数大，你就尽量让 1 在高位上，也就是让 1 尽量靠左。反过来，要想让这个数小，你就尽量让 1 在低位上，也就是让 1 尽量靠右。不过要注意，一个多位数的首数不能是 0。"

还是木吒反应快，马上接着说："最小数应该是 10000100010010。"

稍事休息，哪吒带兵来到火云洞，高声叫阵。红孩儿正躺在床上睡大觉呢，听到小妖来报，心里直纳闷：咦，他们不是要撤兵嘛，怎么又来叫阵了？

红孩儿不敢怠慢，提起火尖枪出了洞门。见着哪吒，红孩儿高声叫骂："好你个哪吒，胆子倒不小。看来那天还没把你们烧透，我来接着烧！"他捶破了鼻子，抹完了红脸，刚想念咒语，谁知哪吒却抢先念了两遍咒语："10000100010010，10000100010010。"

只见大火猛地朝红孩儿和众小妖烧去，"哇，这

23

火怎么造反啦！"红孩儿撒腿就往洞里逃，可是已经

来不及了，他腰间束的那条锦绣战裙已被大火烧光。

　　天兵们开心地大叫："看哪，红孩儿光屁股喽！"

6. 被困火云洞

　　红孩儿逃进火云洞，巨灵神和大力金刚人高腿长，

一个箭步就追了进去。两人刚刚进洞，"咣当"一声，

洞门关上了。

火云洞里面结构十分复杂，里面一共有 5 间洞室，其中有 2 间洞室有 4 扇门，另外 3 间洞室有 5 扇门（图 1–2）。巨灵神和大力金刚从一间洞室追到另一间洞室，从一扇门

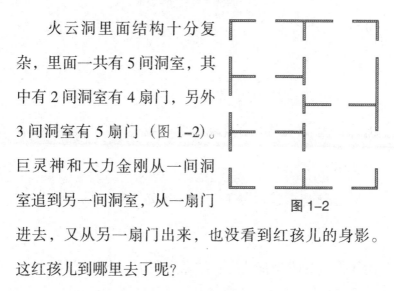

图 1–2

进去，又从另一扇门出来，也没看到红孩儿的身影。这红孩儿到哪里去了呢?

正当两人发愣的时候，传来红孩儿清脆的笑声："哈哈，两个傻瓜，还想追我圣婴大王？你们进了我的火云洞，就算进了坟墓喽!"

大力金刚大怒，他吼道："光腚的红孩儿，有能耐的站出来，咱俩一对一地较量一番，躲在暗处算什么本事!"由于声音太大，震得洞顶直往下掉土。

巨灵神也大叫道："既然你不敢和我们打，那就让我们出去，搞阴谋诡计算什么好汉!"

红孩儿说："想出去并不难，只要你们走遍这 5

间洞室，每个门都经过一次，而且只能经过一次，洞门就将大开。"

"走！咱俩按他的要求走一遍。"巨灵神和大力金刚开始走了。为了不重复，他们经过一个门就在这扇门上做记号。

走一遍不成，再走一遍，还是不成。两人在里面走了一遍又一遍，就是达不到红孩儿的要求。大力金刚累得一屁股坐在地上："累死我了，不走了！"

一只小蚊子从洞门的缝隙飞了进来，落在巨灵神的肩上。蚊子小声地问："出什么事了？"

巨灵神一听声音，知道蚊子是哪吒变的，就把他俩走了半天也达不到红孩儿的要求说了一遍。哪吒飞起来，把5间洞室都看了一遍。

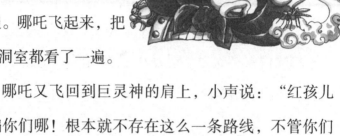

哪吒又飞回到巨灵神的肩上，小声说："红孩儿在骗你们哪！根本就不存在这么一条路线，不管你们怎么走，也达不到他的要求。"

"为什么？"

哪吒说："要想每个门都经过一次，而且只经过一次，只有两种选择：或者每间洞室的门都是双数的，满足要求的走法是从其中一间洞室出来，最后再回到这间洞室；或者只有两间洞室的门是单数的，满足要求的走法是从一间有单数门的洞室出来，最后回到另一间有单数门的洞室。"

巨灵神双手一摊，问："现在有3间洞室的门是

单数的，肯定达不到他的要求了。这该怎么办?"

哪吒想了一下。

7. 考考牛魔王

哪吒说："大力金刚力大无穷，让他搬动山石把一间有 5 个门的洞室堵上一个门，使它变成只有 4 个门。"

"好主意!"巨灵神双手一拍，"这样就只有 2 间洞室是单数门了，可以不重复地一次走完。"

大力金刚三下两下就把一个门堵上了。两个人七绕八绕，很快就按红孩儿的要求走完了所有的门（图 1-3）。只听"哐当"一声，洞门大开，巨灵神和大力金刚马上冲出了火云洞。他俩刚刚出来，洞门又一下子

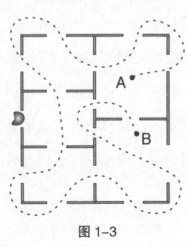

图 1-3

关上了。

哪吒见巨灵神和大力金刚安全出来了，就又开始叫阵："红孩儿，快快出来投降，本先锋官可以饶你不死！"可是不管你怎样叫喊，红孩儿就是不露面。

哪吒直纳闷红孩儿打的什么主意，正想着，突然洞门开了一道小缝，一只麻雀"嗖"的一声从洞里飞了出来。哪吒眼疾手快，迅速抛出乾坤圈把麻雀套住，从麻雀的腿上解下一张纸条。纸条是红孩儿给他爸爸牛魔王的一封信，内容是自己被困火云洞，盼望牛魔

29

王赶紧来救他。

木吒说："如果牛魔王真来救他，那可就麻烦了。牛魔王人称'平天大圣'，和齐天大圣孙悟空等 7 个魔头结为七兄弟，这 7 个魔头哪个都不是好惹的。另外，牛魔王的夫人铁扇公主，法力更是了得，一把芭蕉扇神奇无比，一扇熄火，二扇生风，三扇下雨。"提到孙悟空，天兵天将个个头顶冒冷汗。

哪吒眼珠一转，突然仰面大笑："哈哈，红孩儿现在急盼救兵，我们何不将计就计。我变做牛魔王，骗他打开洞门；咱们趁势杀将进去，一举将他擒获！"

众天兵天将都说是个好主意，只有木吒低头不语。

第二天，哪吒变的牛魔王，带着一队小妖来到火云洞。只见牛魔王头戴熟铁盔，身穿黄金甲，脚穿麂皮靴，手提一根混铁棍，胯下骑着一头辟水金睛兽，神气得很。

牛魔王对洞门大喊："孩儿开门，为父来了！"

"吱"的一声，洞门开了一道缝，红孩儿探出脑袋

向外看了看，"咚"的一声又把洞门关上。

红孩儿在里面说："哪吒变化多端，我不得不防。他前日变做我的大将云里雾，骗走了我的密码口诀。你到底是我的真父亲，还是假父亲，我不能断定，所以，你必须接受我的考验。"

牛魔王双眉紧皱："怎么，还有儿子考老子的?"

"不考不成啊!"说着洞门又开，从里面推出一块木板。

8. 家族密码

红孩儿打开洞门推出的那块木板上面，有一张由许多数字构成的方格图（图1-4），其中有两个空格没有数字。

红孩儿在洞里说："如果你是真牛魔王，就能顺利地填

1	5	6	30
2	3	8	12
3		7	35
4	3		9

图1-4

出空格里的数字，因为那两个数字是咱们的家族密码。如果填不出来，就证明你是哪吒变的假牛魔王。"

木吒变做小妖，在一旁小声说："红孩儿这招够绝的，这些数字之间好像没什么关系，我可填不出来。"

"填不出来也要填，不然我就不是红孩儿的真爹了。"哪吒认真观察这些数字，一边看，一边嘴里还不停地念叨，"第一行是三个小一点的数 1，5，6，一个大数 30。它们之间肯定不会是相加的关系，应该是相乘的关系。"

木吒有了新发现："对！$5 \times 6 = 1 \times 30$。"

哪吒说："只有第一行有这个规律还不成，第二行是否也符合这个规律呢？"

"$3 \times 8 = 24$，$2 \times 12 = 24$，嘿，也对！"木吒开始兴奋，"第三行空格中的数字应该是 $35 \times 3 \div 7 = 15$，第四行空格中的数字应该是 $4 \times 9 \div 3 = 12$。"

哪吒大声说："红孩儿，爹爹怎么会把家族密码

忘了呢？一个是 15，另一个是 12 呀！"

"答对了，爹爹请进！"说着红孩儿把洞门打开。哪吒催骑着辟水金睛兽刚想往洞里走，一旁的木吒拦住了他。

"慢着！"木吒说，"他爹来了，他为什么不摆队迎接？红孩儿诡计多端，咱们不得不防。我在前面领路，你们在后面慢慢走，没有我允许不得进洞。"

木吒快步走进火云洞，探头往洞里一看，回头大声叫道："别进来，洞里有埋伏！"话音刚落，洞里的小妖一拥而上，把木吒拿下了，紧接着洞门又紧紧关闭上了。

哪吒真有点后怕，他变回原形，大声问："红孩儿，我已经答出了你的家族密码，为什么还能识破我是假牛魔王？"

红孩儿在洞里哈哈大笑："哪吒呀哪吒，你是聪明一世糊涂一时啊！密码应该是 1512，一个数呀，怎么会是 15 和 12 两个数呢？"

"哎！怪我一时糊涂！"哪吒狠狠敲了一下自己的脑袋。

9. 决一死战

第二天，为了救出木吒，哪吒一早就来到火云洞前叫阵。

哪吒刚刚喊道："红孩儿听着……"突然洞门大开，数百名小妖蜂拥而出，红孩儿押着木吒走在最后。红孩儿突然尖叫一声，小妖立刻排出一个 8 层中空方阵（每一层边的两头都比里一层各多站一人），红孩儿和木吒站在了阵中央（图 1-5）。

红孩儿双眉倒竖，用火尖枪一指哪吒，说："哪吒听着，你一再施计谋欺我，今天我要和你决一死战，拼个你死我活！"

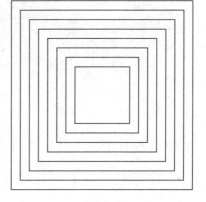

图 1-5

哪吒问："怎么个决战法？"

"我和木吒就在方阵中央，你如果能攻破我的 8 层中空阵，木吒你救走，我随你去见李天王，听候处理！"看来红孩儿真的是下狠心要和哪吒拼个你死我活了。

　　金吒在一旁提醒："三弟，如果弄不清他这个 8 层中空阵有多少小妖，万万不可轻举妄动!"

　　哪吒想了一下，对红孩儿说："我提一个问题，你敢回答吗?"

　　"嘿嘿!"红孩儿一阵冷笑，"别说提一个问题，就是提十个问题，我也照答不误。"

　　"好!"哪吒问，"如果要把你这个中空方阵填成实心的，不算你和木吒，还需要多少名小妖?"

　　红孩儿略微思考了一下，说："原来是这么简单

的问题——再补上 121 名小妖，就可以填满。"

金吒埋怨哪吒："让你问他 8 层中空阵一共有多少名小妖，你怎么问他这个问题？"

哪吒微微一笑："你直接问他有多少人，他会告诉你吗？方阵的小妖数是军事秘密呀！"金吒一想也是这么回事。

哪吒低声对金吒说："中间的空当也是正方形的。这个正方形如果站满小妖，由 $121 = 11 \times 11$，可知每边上必然是 11 个小妖。又因为是 8 层方阵，所以最外面的大正方形，每边上的小妖数就有 $11 + 2 \times 8 = 27$ 个。"

"我明白了！"金吒也小声说，"实心方阵的小妖数就是 $27 \times 27 = 729$ 个，再减去中心小妖数 121，共有 $729 - 121 = 608$ 个小妖。"

"才六百多个小妖，不在话下！"哪吒命令，"大哥，你带领所有的天兵天将从南边往阵里攻，我一个人从北边攻入，让红孩儿顾得南来顾不了北，顾得头来顾不了脚！"

　　"得令！冲啊，杀呀！"金吒带领众天兵天将，杀声震天，直奔8层中空阵的南边杀去。

　　哪吒大喊一声"变"，立刻变成三头六臂，他一个人从阵北边往里冲。

　　小妖哪见过这种阵势，慌忙迎战。只几个回合，众小妖就死伤一大片，余下的小妖跪地求饶："哪吒爷爷，饶命！"

10. 一扇万里

红孩儿一看兵败如山倒，无心恋战："三十六计走为上，逃！"就夺路而逃。

哪吒叫道："不捉住元凶我如何交差？"

木吒大喊一声："追！"

哪吒一踩风火轮领着木吒在后面紧紧追赶。刚追到一个三岔路口，突然铁扇公主从半路杀出。只见铁扇公主头裹团花手帕，身穿纳锦云袍，腰间双束虎筋绦，手拿两口青锋宝剑，一脸怒气地站在那里。

红孩儿看见铁扇公主，喊道："母亲救命！"

铁扇公主双眉紧锁："我儿不要惊慌，为娘来也！"

铁扇公主用剑指着哪吒喝问："小哪吒，我家与你往日无冤，近日无仇，为何追杀我儿？"

哪吒回答："红孩儿独霸一方，鱼肉乡里，我奉

命征讨!"

"我儿太小不懂事,看在我铁扇公主的面子上,饶我儿一回吧!"

"军令如山,哪吒不敢违抗军令!"

铁扇公主一听,气不打一处来:"好你个小哪吒,既然你如此不讲情面,就休怪我不客气了。看剑!"话到剑到,铁扇公主一剑刺来。

"养不教,父之过。你既如此无理,那我就奉陪到底!"哪吒说罢连忙举起乾坤圈抵挡,铁扇公主和哪吒战到了一起。

两人战了有二百来个回合,不分胜负。铁扇公主

见一时半会取不了胜，急忙从衣服里取出一把小扇子。

木吒看在眼里，大叫："留神，铁扇公主把芭蕉扇拿出来了！"

说时迟，那时快，铁扇公主喊了一声："变！"芭蕉扇迎风一晃，立刻变得硕大无比。

木吒吃了一惊："哇！这芭蕉扇变成船帆啦！"

铁扇公主冷笑着说："你们站稳喽！"她用芭蕉扇只扇了一下，就刮起了一股强劲的阴风。"呼"的一声，哪吒和木吒一下子就被风刮得飘向了远方。

哪吒在风中大叫："木吒，好大的风啊！我被风吹走了！"

木吒在风中飘飘悠悠："我也是！三弟，我站都站不稳……"

也不知在风中飘了多久，木吒好不容易才定住神，发现前下方是一座长满椰子树的海岛。木吒忙一蹬脚，使劲抱住一棵椰子树。

木吒长吁一口气："妈妈呀，想不到我木吒有一天以这种方式乘风远航！"

这时的木吒已是饥肠辘辘，便敲了一个椰子充饥。吃着吃着，突然哪吒也被风刮来，落在椰子树上。

木吒惊讶地说："呀！我这个椰子还没吃完，你也刮来了。"

哥儿俩见面分外高兴，哪吒开玩笑说："我比你重，晚来了一会儿。"

木吒摘下一个椰子递给哪吒："你先吃一个椰子，压压惊。"

哪吒接过椰子，问："咱俩被那妖风刮出了多远?"

木吒掏出电子表看了一眼："我记了一下时间，我飞到这儿用了 7 分 30 秒，你用了 9 分 30 秒。你比我多用了 2 分钟。"

"哇! 咱俩飞行的速度够快的!"

"我比你飞得还快，我比你每秒钟快了 20 千米。"木吒问，"有这几个数据，能算出咱俩飞了多远吗?"

哪吒想了想："可以。设咱俩飞行的距离为 S 千米，你用的时间是 7 分 30 秒。7 分 30 秒换成秒就是 450 秒，你的飞行速度就是 $\dfrac{S}{450}$。我用了 9 分 30 秒，也就是 570 秒，我的飞行速度就是 $\dfrac{S}{570}$。你比我每秒钟快了 20 千米，咱俩的速度差是

$$\frac{S}{450} - \frac{S}{570} = 20 \text{（千米/秒）。"}$$

木吒催促："你快算出结果吧!"

哪吒接着往下算，他说："你看，

$$\frac{570-450}{450\times570}S=20,$$

$$\frac{120}{256500}S=20,$$

$$S=42750（千米）。$$

算出来了，咱俩飞了四万二千七百五十千米。"

木吒一摸脑袋："我的妈呀！铁扇公主只扇了一下，就把咱俩扇出了 4 万多千米，这要是多扇几下呢？"

哪吒摇摇头："咱俩就到火星上玩去喽！"

哪吒一拉木吒："走，我带你回去，继续和铁扇公主斗！"

木吒摆摆手："不成啊！她一摇芭蕉扇，咱俩还得回来。"

"说得也是。"哪吒拍了一下脑门儿，"唉，我听父王说过，要想战胜芭蕉扇，必须找到'定风丹'！"

木吒说："那定风丹只有牛魔王才有，咱们找牛

魔王去。"

"对，咱俩去找牛魔王！"哪吒和木吒腾空而起。

11. 智取"定风丹"

说话的工夫，哪吒和木吒就来到翠云山的芭蕉洞。

木吒提醒哪吒："三弟，牛魔王知道咱们正和红孩儿打仗，咱俩就这样去要定风丹，他肯定不会给呀！"

"你说的对！直接去要，肯定不会给。"

"那怎么办？"

哪吒双手一拍："有主意啦！我变作红孩儿，你变作红孩儿的手下干将快如飞。他亲儿子要，他不会不给吧！"

"好主意！"

说变就变，木吒一个转身，说声："变！"木吒立刻变成了快如飞。那边哪吒也变成了红孩儿，然后俩人大摇大摆地朝芭蕉洞走去。

守门的小妖一看红孩儿来了，不敢怠慢，忙笑脸相迎：“圣婴大王回来了，快里面请！”

牛魔王听说红孩儿回来了，也迎了出来：“儿啊，你娘支援你去了，你怎么回来了？和哪吒打得怎么样？”

哪吒向上一抱拳：“我娘的芭蕉扇果然厉害！只一扇，就把哪吒和一半的天兵天将扇得无影无踪。”

“哈哈，让他们尝尝芭蕉扇的厉害！既然得胜，你回洞干什么？”

“虽说天兵天将被扇走了一半，可是我手下的士兵也被扇走了一半！”

“嘿嘿！”牛魔王乐得浑身的肉都哆嗦，“芭蕉扇可不认人，谁被扇了都会没影的。”

“我娘这次特派我回来取‘定风丹’，娘说把定风丹给我的手下含在嘴里，就不怕芭蕉扇了。”

“你娘让你取多少定风丹？”

“有多少拿多少，多多益善！”

"嗯？多多益善？"牛魔王产生怀疑，"我先来算算家里还有多少定风丹。"

牛魔王掰着手指头开始算："家中的定风丹原来装在9个宝盒中。这9个宝盒中分别装有9丸、12丸、14丸、16丸、18丸、21丸、24丸、25丸和28丸。"

哪吒一吐舌头："哇，有这么多哪！我都拿走。"

"不过——"牛魔王眼珠一转，"前天覆海大王蛟魔王拿走了若干盒定风丹。昨天混天大王大鹏魔王又

拿走若干盒，最后只给我剩下了 1 盒。我还知道蛟魔王拿走的定风丹的个数是大鹏魔王的两倍。"

哪吒忙问："你留下的这盒里有多少丸定风丹？"

牛魔王摇摇头："我没数，我也不知道。"

哪吒往前紧走一步："让我来算算。假设大鹏魔王拿走的定风丹数为 1。"

听到 1，牛魔王连连摇头："不，不，大鹏魔王拿走的定风丹数绝不是 1 丸，也绝不止 1 盒。"

哪吒解释说："我这里说的 1 既不是 1 丸，也不是 1 盒，而是 1 份。这样，蛟魔王拿走的定风丹数就应该是 2 份。因此蛟魔王和大鹏魔王拿走的定风丹的总数应该是 3 的倍数。"

木吒在一旁搭腔："对！"

牛魔王问："怎么才能知道我剩下的这盒里有多少定风丹？"

哪吒解释说："您别着急啊！这 9 盒定风丹的总数是 $9 + 12 + 14 + 16 + 18 + 21 + 24 + 25 + 28 = 167$，然后

总数 167 被 3 除，商 55 余 2，即

$$167 \div 3 = 55 \cdots\cdots 2。"$$

"你又除又商的，玩什么把戏？"牛魔王有点晕。

哪吒可不晕，他说："我前面说啦，两位大王共拿走了 8 盒定风丹，它们的总数可以被 3 整除。可以被 3 整除，说明这个总数被 3 除，余数应该是几哪？"

牛魔王用手在自己的脑门上"啪、啪、啪"狠命拍了 3 下，结果还是摇摇头。

哪吒心想："你就是把脑袋拍烂了，也回答不出来。"

哪吒心里虽然这样想，嘴里却说："我知道，这么简单的问题，不值得大王来回答。"

牛魔王赶紧顺坡溜："对、对，这么简单的问题，哪用得着我回答？快如飞，你说！"

"是！"木吒说，"如果能被 3 整除，余数就是 0 呀！可是加上您留下的这盒之后，余数却变成了 2，这又是为什么？"

牛魔王眼珠一转："这个问题更简单，更不值得我回答。"

哪吒连连点头："对、对，我来回答。那一定是您留下的那盒定风丹的数，被3除后，余2呗！"

牛魔王装腔作势地点点头："对、对，余数是2。"

"父王真是聪明过人！"哪吒说，"9、12、14、16、18、21、24、25和28这9个数中，被3除余2的只有14。这么说，父王手里还有14丸定风丹。"

牛魔王"嘿嘿"一笑："真让你猜对了。"

哪吒一伸手："父王，快把定风丹交给我吧！"

牛魔王拿出一个盒子："这里有14丸定风丹，我儿拿走，快去作战吧！"

"谢父王！"哪吒双手接过定风丹。

出了芭蕉洞，哪吒和木吒恢复了原形。

哪吒高兴极了："哈哈，有了定风丹，咱们就不怕芭蕉扇喽！给，咱俩先一人含一丸。"

"好!"木吒把定风丹扔进了嘴里,哪吒也含了一丸,然后拿着盒子直奔前线。

来到阵前,哪吒大叫:"铁扇公主听着,我已取得了定风丹,再也不怕你的芭蕉扇了!有本事你尽管扇哪!"

"什么?你弄到定风丹啦?"铁扇公主半信半疑,"让我来试试!"

"嗨!嗨!嗨!"铁扇公主扇动起芭蕉扇,连续扇了几下。

刹那间,只听得

"呜"的一声怒吼，狂风突起，风力强大无比。哪吒和木吒立刻被吹上了天。

哪吒大叫："哇！这定风丹怎么不管用啊?"

木吒说："牛魔王骗了咱们，给咱俩的定风丹是假的!"

12. 真假"定风丹"

哪吒和木吒飘荡了好半天，木吒先落了地。过了不久，哪吒也到了。哪吒和木吒汇合到一起。

"二哥，铁扇公主把咱俩扇到哪儿去了?"

"可能是绕着地球转了 N 圈——牛魔王竟敢用假定风丹骗咱们!"

"太可恶了，走，找牛魔王算账去!"哪吒拉起木吒就走。

哪吒和木吒又来到翠云山的芭蕉洞，哪吒将手中的乾坤圈狠命朝洞门砸去，只听"咚"的一声，把洞

门砸得裂了一道口子。

哪吒大喝："该宰的老牛，你竟敢用假定风丹骗你家小爷，还不快快出来受死！"

忽听"哗啦"一声，洞门大开，牛魔王骑着辟水金睛兽，头戴熟铁盔，脚踏麂皮靴，腰束三股狮蛮带，手提一根混铁棍，杀了出来。

牛魔王指着哪吒哈哈大笑："小娃娃，你还嫩得很哪！牛爷爷略施小计，就把你给骗了，这次让我妻把你俩扇到天涯海角了吧！哈哈哈！"

哪吒怒从胸中来，左手一指牛魔王："该宰的老牛，快拿你的牛头来！杀！"哪吒舞动乾坤圈，杀了上来。

"想吃我的牛肉？做梦去吧，杀！"牛魔王举棍相迎。

突然，红孩儿从洞里飞了出来："父王，你对付哪吒，我来解决木吒！"说完挺枪直奔木吒杀去。

木吒大吃一惊："哇！红孩儿什么时候跑到这里

来啦?"

红孩儿气势汹汹,挺着一丈八尺长的火尖枪直取木吒。木吒抡起铁棍相迎。两人你来我往,杀在了一起。

这时金吒听到消息,也领着一队天兵天将赶来了。"天兵天将,上!"哪吒一声令下,天兵天将把牛魔王和红孩儿团团围住。

"杀!杀!"天兵天将奋不顾身地往前冲。

红孩儿看天兵天将人数众多,边打边回头对牛魔王说:"父王不好,咱俩被包围啦!怎么办?"

牛魔王把手一挥:"快撤回洞里!"

牛魔王和红孩儿杀出一条血路,跑回洞里,"咣当"一声把洞门关紧。

哪吒在外面大喊:"牛魔王,快把定风丹交出来!"

牛魔王在里面喊:"哪吒,你不是要定风丹吗?你等着,我扔给你!"

这时洞门打开了一道缝，牛魔王在里面喊："这是定风丹，接住！"

"嗖"的一声，从里面扔出一粒红色大药丸。哪吒答应："好的！"刚想去接，一旁的木吒拦住了他："别接，小心有诈！"

木吒话音刚落，只听"轰"的一声巨响，红色药丸在空中突然爆炸了。幸亏哪吒没去接红色药丸，否

则非炸个粉身碎骨不可。

哪吒倒吸一口凉气："哇，真危险啊！"

牛魔王在洞里哈哈大笑："小哪吒，你不是说定风丹多多益善吗？接住，这都是定风丹，哈哈！"说着牛魔王从洞中连续扔出红色、黄色、绿色、黑色、白色药丸，各色药丸相继在空中爆炸，"轰！""噗！""哗！"有的药丸爆炸后，发出极臭的气味，有的发出耀眼的光芒。

木吒捂着鼻子："臭死啦！这里面除了炸弹，还有毒气弹、强光弹！"

哪吒怒目圆睁，往洞里一指："该杀的牛魔王，你说话不算数！"

"我说话怎么不算数啦？"牛魔王从洞里探出头来，"我扔的各色药丸是有规律的，接下来扔出的药丸里面真有 1 个定风丹。"

哪吒问："哪个是真的定风丹？"

"第 14 轮的最后 1 个药丸就是真的定风丹。"

哪吒皱起眉头："谁知道哪个是第14轮的最后1个药丸？"

木吒在一旁搭话："三弟，我仔细观察了牛魔王扔出各色球的规律。它们是：5个红的，4个黄的，3个绿的，2个黑的，1个白的。就是说每一轮，也就是1个周期有 $5+4+3+2+1=15$ 个药丸。"

哪吒点点头："这么说，14轮共扔出 $15 \times 14 = 210$ 个。最后1个药丸就是第210个。"

"对，这第210个应该是白色的药丸。"

这时牛魔王喊道："看好了，我按着规律开始扔啦！"接着"嗖、嗖、嗖"各色药丸从洞中鱼贯飞出。

木吒一边看着飞出来的各色药丸，一边数："1，2，3，…，198，199，200，…，210。"

当木吒数到210时，哪吒飞身接住了白色的药丸："嗨！定风丹哪里跑！"

哪吒拿到定风丹后立刻飞回两军阵前，他大声喝道："铁扇公主，你三太子又回来了，快快出来受死

59

吧!"

铁扇公主心中纳闷:"这哪吒怎么这样快就回来了?这次我要多扇他几扇子,把他扇到天涯海角去!"

铁扇公主来到阵前,也不搭话,抡起芭蕉扇冲着哪吒"呼、呼、呼"连扇了十几下。

令铁扇公主奇怪的是,扇了这么多下,哪吒硬是纹丝不动。

"扇的次数不够?"铁扇公主钢牙紧咬,抡起芭蕉扇冲着哪吒"呼、呼、呼"又扇了十几下。

"哈哈,铁扇公主,你累不累呀?"说着哪吒从怀中掏出定风丹,"你来看看这是什么?"

铁扇公主一看是定风丹,大惊失色:"啊,你拿到定风丹了?"

哪吒点点头:"你刚才试过啦,这定风丹不会是假的吧?"

铁扇公主沉思良久,她深知没有芭蕉扇的威力,他们一家肯定不是众天兵天将的对手。她长叹一口气,

扔掉手中的青锋宝剑，跪倒在地，缓慢地说："三太子既然拿到了定风丹，我认输。"

哪吒说："你早该如此！"

铁扇公主抬起头说："请三太子饶我儿一次，我将把他带在身边，严加看管！"

这时，牛魔王和红孩儿也同时赶到，双双跪地求饶："请三太子高抬贵手！"

哪吒看他们一家三口同时跪倒在地上，心有不忍，就对牛魔王和铁扇公主说："也罢，念你们年龄也不小了，膝下只有红孩儿一子，这次饶了红孩儿，下次再敢祸害百姓，定杀不留！众将官，班师回朝！"

13. 宝塔不见了

时间过得飞快，一晃十年过去了。

在这十年中，红孩儿一刻不曾忘记败在哪吒手下的奇耻大辱，他发誓要报仇。

　　一天清早，托塔天王李靖洗漱完毕，准备上朝，突然发现自己手托的宝塔不见了。李天王大惊失色，宝塔乃无价之宝，是他权力的象征，宝塔丢了，可怎么见人哪！李天王急得直冒冷汗，暗想谁这么大胆，敢偷走我的宝塔？

　　此时，一名天兵匆匆来报："报告天王，今天早上在您的书案上发现了4个小金盒，还有一封信。"

　　"快去看看。"托塔天王疾步走出卧室。此事也惊动了金吒、木吒和哪吒三位太子，他们也跟着父王奔

向书房。

在书案上果然摆着 4 个金光闪闪的盒子，从外表看，4 个盒子一模一样。盒子下边压着一封信。托塔天王拿起信一看，只见上面写道：

"玩铁塔的老头：

你的铁塔，我拿去玩玩。3 天之内赶紧来我处取。过了 3 天，我就卖给收废品的小贩了。你的铁塔还有点分量，估计能卖几个钱。

你现在最发愁的是不知道我是谁。告诉你吧，答案就在这 4 个小盒子上。这 4 个小盒子从外表看都是金色的，但里面的颜色各不相同，分别是黑色、白色、红色和绿色。你只有打开里面是红色的那只盒子，才知道我是谁。如果打开的是里面是别的颜色的盒子，那就不好啦！到时'轰'的一声，你们就全都完蛋了。哈哈，好玩吗？

知名不具"

看完这封信，李天王气得"哇哇"直叫："哪来

的大胆蟊贼，敢叫我李天王为玩铁塔的老头！真是气

煞我也！"

金吒圆瞪双眼："还敢把父王的宝塔卖给收废品

的，他吃了熊心豹子胆啦！"

还是木吒沉得住气，他说："当务之急是把偷宝

贼确定下来。"

李天王和三位太子围着书案转了 3 圈，把 4 个小

盒左左右右看了个仔细，可是谁也没看出来哪个小盒

里面是红色的。

正当大家一筹莫展的时候，哪吒突然说："看看

盒子底下有没有什么东西？"

木吒立刻把 4 个小盒倒了个个，果然小盒底部都

有字：从左到右 4 个盒子下分别写着"白"、"绿或

白"、"绿或红"、"黑或红或绿"。其中一个小盒子的

底部用芝麻大的字写着："这里没有一个盒子写的是

对的。"

李天王大怒："没有一个写得对，说明都是骗人

的鬼话！假话还写了干什么？"

金吒挥舞着拳头，吼道："这小贼是成心耍咱们，捉住他，我要把他碎尸万段！"

"虽说都是假话，但我们也能分析出，哪个盒子里面是红色的。"哪吒的这番话，使大家都很惊奇。

金吒好奇地说："三弟，你给大家分析一下。"

哪吒说："既然4个小盒底部写的都是假话，那么最右边的盒子里面肯定是白色的。"

"为什么？"

"最右边的盒子的底部写着'黑或红或绿'，而这是假话，说明盒子里面既不是黑色的，也不是红色的，更不是绿色的。你们说这个盒子里面真正的颜色应该是什么？"

大家异口同声回答："应该是白色的。"

"嘻嘻！"哪吒笑着说，"这就对了嘛！"

"往下怎样分析？"

"再分析右数第二个盒子。"哪吒说，"这个盒子

的底部写着'绿或红'，既然这是假话，真的就可能是白或黑。"

木吒抢着说："最右边的盒子里面肯定是白色的了，这个盒子里面应该是黑色的。"

金吒也不甘落后，他说："左数第二个写着'绿或白'，这是假话，真话应该是'黑或红'，而黑色已经有了，所以它里面必然是红色的。嘿！里面是红色的盒子找到了。"

托塔天王拿起左数第二个盒子，打开一看，里面装着一个木头刻的光屁股小孩。李天王皱着眉头问："装个光屁股小孩，是什么意思？"

没有一个人答话。

突然，哪吒说道："我给大家出个谜语：用红盒子装小孩，打一人名。"

大家你看看我，我看看你，半天没人说话。

"红孩儿！"还是木吒抢先说出了谜底。

听到红孩儿三个字，李天王倒吸了一口凉气：

"怎么又是他!"

李天王习惯性地举起左手,按照以往的习惯,左手是托着宝塔的,举起宝塔就是要下令发兵。现在宝塔丢了,举起左手也没用了。"唉!"李天王深深叹了一口气。

哪吒见状,走前一步:"父王,不要生气。待儿点齐三千天兵天将,直捣枯松涧火云洞,掏那红孩儿

> 宝塔丢了,就先用这个顶替吧!

的老窝，抓住红孩儿，夺回宝塔。"

李天王苦笑着摇摇头："宝塔乃玉皇大帝赐予我发兵的信物，如今我连宝塔都丢了，如何点齐三千天兵天将？"

木吒一抱拳："父王，不发兵也无妨，派大哥、我、三弟前去，也定能将宝塔夺回。"

三位太子一起跪倒在地："请父王下令！"

"唉！也只好如此了。"李天王命令，"仍命哪吒为先锋官，带领金吒、木吒，捉拿红孩儿，夺回宝塔，不得有误！"

"得令！"哪吒带领两个哥哥，走出书房。

"唉！"金吒叹了一口气，"想上次讨伐红孩儿，有巨灵神、大力金刚、鱼肚将、药叉将等众天将相助，有万名天兵相随，是何等的威风。今日，只有咱们兄弟三人，形单影只，今非昔比喽！"

哪吒安慰说："咱们哥仨还斗不过一个红孩儿？大哥放心吧！"说完三人腾空而起，直奔枯松涧火云洞。

14. 四小红孩儿

说话间兄弟三人来到枯松涧火云洞，哪吒一指洞门，高喊："红孩儿听着，你盗走我父王的宝塔，快快还来！念你修行多年不易，可以从轻处理。如果一意孤行，定杀不赦！"

哪吒叫了半天，洞门紧闭，里面一点动静也没有。

木吒摇摇头，说："怪了，按红孩儿的脾气，你在洞外一喊他，他会立马出来和你玩命。今天怎么这么安静？是不是搬家啦？"

话音刚落，只听洞里"咚、咚、咚"三声炮响，"哗"的一声，洞门大开，一群小妖拥了出来。领头的还是红孩儿的六大干将。这六个草包还是那副怪里怪气的模样，嘴里依然"叽里呱啦"不停地说着："哇！又来送好吃的了。"当他们看清站在外面的只有哪吒兄弟三人时，就不满意了："就来了三个，不够分的

呀!"

哪吒用手一指："你们这些小妖出来干什么？快让红孩儿出来受死!"

云里雾"嘿嘿"一笑："对不起，三位太子来晚了，我家圣婴大王刚走。"

"去哪儿了？"

"大王临走前关照我们说，他要去熔塔洞，把刚刚拿到的李天王的宝塔熔成铁块。"

"哇呀呀!"听了云里雾的话，金吒气得哇哇直叫，他指着云里雾的鼻子问道："红孩儿不是说3日后再卖给收废品的，怎么今天就要把宝塔熔掉？"

云里雾一本正经地回答："对呀！我家大王没说今天去卖宝塔呀，他是先把宝塔熔成铁块，然后再卖给收废品的。"

一听说红孩儿要把宝塔熔掉，兄弟三人全急了，"哇呀呀!"各挺兵器向红孩儿的六大干将杀去。这六个草包深知哪吒的厉害，转头就往洞里跑，边跑边喊：

"快跑呀！晚了就没命了！"小妖只恨爹娘少给自己生了两条腿，一路狂奔。

哪吒举起斩妖剑，只一挥，小妖就倒下一大片。六大干将跑进洞里"咣当"一声，把洞门关上。

金吒正杀得性起，嘴里喊着"赶尽杀绝，还我宝塔"，就要往洞里冲。

"大哥！"木吒一把拉住了金吒。

金吒急了："为什么不让我冲？"

木吒解释道："咱们这次出来是为了找回父王的宝塔，并不是为了消灭小妖。如果和小妖纠缠时间过长，会耽误咱们的正事。"

金吒点点头，问："你相信红孩儿不在洞里？"

哪吒坚定地说："我可以肯定！如果红孩儿在洞里，按他的脾气，早就冲出来了。咱们当务之急是赶紧找到熔塔洞，把父王的宝塔夺回来。"

但是熔塔洞在哪儿呢？三人你看看我，我看看你，谁也不知道。

　　三人正在着急，忽然听到"嘻嘻哈哈"的欢笑声，寻声望去，只见4个穿红衣服的小孩连蹦带跳地走了过来。4个小孩长得一般高，年龄差不多，长相也很相似。

　　金吒剑眉倒竖："看，4个小红孩儿！"

　　哪吒一摆手："不能一看见穿红衣服的小孩，就认为他们是红孩儿。"

　　哪吒紧走几步，来到4个小孩的面前："我说小娃娃，向你们打听一个地方。"

　　4个小孩上下打量了哪吒一番："你叫我们娃娃，

你也不大呀！"

哪吒笑了笑："我再不大，也比你们大得多呀！能告诉我你们几岁了？"

其中一个小孩说："那就看你够不够聪明了。我们4个是一个比一个大1岁，我是老二。我今年的岁数加上明年的岁数，再加上去年的岁数，其和与去年岁数的比是24：7。好了，现在你算算我们4个都多大啦？"

"呀！还考我数学？"哪吒并不怕他们考数学，"我用方程来解——只要算出你老二的岁数，由于你们一个比一个大1岁，其他3个人的岁数自然也就知道了。"

老二撇着嘴说："不用说你怎么解，解出来才算数哪！"

哪吒边说边写："我设你今年的岁数为 x，则你明年的岁数就为 $x+1$，而去年的岁数就是 $x-1$。根据3年的岁数之和与去年岁数的比是24：7，可以列出

方程

$$(x + x - 1 + x + 1) : (x - 1) = 24 : 7。"$$

老二问："往下怎么做?"

"你别着急呀!"哪吒说，"我把这个方程解出来:

$$3x : (x - 1) = 24 : 7,$$

$$21x = 24x - 24,$$

$$3x = 24,$$

$$x = 8。$$

哈，算出来了，你的岁数是 8 岁，你们 4 个的年龄依次是 6 岁、7 岁、8 岁和 9 岁。对不对?"

4 个小孩一起点头："对，你还真有两下子! 不过，你得告诉我们，你几岁啦?"

"哈，我的岁数可大啦!"哪吒做了一个鬼脸，"我的年龄比你们年龄的乘积还要大得多!"

"骗人!" 4 个小孩同时瞪大了眼睛，"你看起来明明像个小娃娃——别人都说我们四个是吹牛大王，没想到你比我们四个还能吹。不过，我们喜欢爱吹牛

的人，所以，你想问什么就问吧!"

哪吒眼珠一转，问："你们4个人都叫什么名字?"

"我叫小小红孩儿。"

"我叫红小孩儿。"

"我叫红孩小儿。"

"我叫红孩儿小。"

"哇，绕口令呀!"哪吒又问，"去熔塔洞怎么走?"

小小红孩儿说："去熔塔洞呀，跟我们走!"

4个小孩在前面带路，哪吒兄弟三人跟在后面。在山里转了几个圈，他们来到一个洞口。

小小红孩儿回头说："熔塔洞到了，跟我们进去吧。"四个小孩随即进了洞，哪吒兄弟三人也跟了进去。

走着走着，突然红孩小儿蹲下来系鞋带。哪吒和金吒没在意，继续跟着另外三个小孩往前走。木吒是

个细心人，他在一旁偷偷看着红孩小儿。红孩小儿系好鞋带后，紧走几步追赶前面的伙伴去了。木吒等他走后仔细观察红孩小儿蹲过的地方，突然发现那里有一个小纸团。木吒捡起纸团，顺手装进口袋里。

走着走着，4个小孩突然不见了。哪吒低声说了一句："不好！我们上当啦！"话音刚落，只听"呼"的一声，四周同时燃起熊熊大火，把哪吒兄弟三人困在了中间。

这时传来一阵阵小孩得意的笑声："哈哈，哪吒你不是要找熔塔洞吗？这回要把你们哥儿仨都熔了！哈哈……"

哪吒高声问："你们究竟是什么人?"

回答是："我们是圣婴大王红孩儿新收的 4 个徒弟，人送绰号'四小红孩儿'。"

15. 逃离熔塔洞

哪吒兄弟三人被困在熔塔洞的大火之中，因为三人都有法力，在大火中一时还没有生命危险，但是时间长了也不成。

哪吒紧皱眉头说："一定要冲出去，咱们分头去找出口。"

"好!"金吒和木吒答应一声，分头走开。

金吒往西在烈火中左冲右突，寻找着出口。突然，他看见了一个洞口，心中一喜，赶紧朝洞口走去。刚

接近洞口，"呼"的一
声，一股烈焰从洞口喷
出，吓得金吒一个空翻，
逃离了洞口，可是把鞋
烧坏了半只。

"好险！"金吒心有
余悸地拍拍胸口，然后
继续寻找出口。咦，那
边还有一个洞口，金吒
小心靠近洞口，"呼"
的一声，又是一股烈
焰从洞口喷出。他赶
紧低头，让烈焰从头
上飞过，可惜还是慢
了半拍，头发被烧焦
了一大把。

兄弟三人又聚

集在一起。

金吒说："洞里有许多小洞，我一靠近洞口，小洞里就喷出烈火。你们看，我的头发和鞋都烧坏了。"

哪吒说："我数了一下，小洞一共有 8 个，而且洞口都写有从 1 到 8 的编号。"

木吒突然想起什么似的，忙从口袋里掏出一张纸条："这张纸条可能会帮助咱们脱离险境。"

哪吒忙问："哪儿来的？"

木吒说："是四小红孩儿中，那个叫红孩小儿给咱们的。"

金吒催促："快念念！"

木吒读道："想逃离熔塔洞吗？把下面的题目解出来：将 1，2，3，4，5，6，7，8 这 8 个数分成 3 组，每组中数字个数不限；要求这 3 组的和互不相等，而且最大的和是最小的和的 2 倍。找到写有最小的和的洞口，那就是你们的生路。"

金吒紧皱双眉："8 个数分成 3 组，每组中数字

80

个数又不限，这怎么分哪？"

"可以这样来考虑。"哪吒说，"先从 1 到 8 做加法，求出它们的和。"

"我来求。"金吒列出算式：

$$1 + 2 + 3 + 4 + 5 + 6 + 7 + 8 = 36。$$

哪吒接着分析："和是 36。题目要求把这 8 个数分成和互不相等的 3 组，所以我们可以这样来考虑，把最小和看作 1。"

金吒问："看作 1 是什么意思？是找 1 号洞口吗？"

"不是。这里的 1 就是 1 份的意思，这 1 份是多少现在还不知道。"哪吒解释，"由于最大的和是最小的和的 2 倍，所以最大的和就应该是 2。"

"这 2 就是两份的意思，这个我知道。"金吒非常爱动脑筋，"可是中间那组的和应该是几哪？"

木吒也问："是啊，中间那组的和应该是几呢？"

哪吒说："中间那组的和应该在 1 和 2 之间，具

体是几现在还不知道。"

金吒和木吒一起摇头："什么都不知道，这没法算。"

"有办法算！"哪吒十分有信心，"我暂时把中间那组的和看作1，作个除法

$$36 \div (1 + 1 + 2) = 36 \div 4 = 9。$$

然后，又把中间那组的和看作2，作个除法

$$36 \div (1 + 2 + 2) = 36 \div 5 = 7.2。$$

这说明最小的和大于7.2，又小于9，还必须是整数，你们说最小的和应该是几?"

金吒和木吒异口同声地回答："是8。"

"妙，妙！"金吒竖起大拇指夸奖说，"三弟的算法实在是妙！最大的和是16，而中间那组的和是36 - 8 - 16 = 12，是12。"

哪吒一挥手："走！咱们从8号洞口往外冲！"

"走！"兄弟三人顺利地从8号洞口冲出了熔塔洞。

出了熔塔洞哪吒却发了愁，他说："咱们是来找

父王宝塔的，可现在折腾了半天，连红孩儿的影儿还没看到哪！"

金吒双手一拍："说的是呀！咱们让四小红孩儿牵着鼻子走了。这四小红孩儿比红孩儿还坏！"

"不一定。"木吒小声说，"这四小红孩儿中，那个叫红孩小儿的可能是一个好孩子。如果不是他给咱们留了一张纸条，咱们怎么可能顺利冲出熔塔洞？"

哪吒问："你能认出那个叫红孩小儿的来吗？"

木吒摇摇头："不好说，四小红孩儿长得实在太像了。不过，这个小孩要想帮咱们，就不会只帮咱们一次。咱们在周围找找，看看他还留下什么暗示没有？"

兄弟三人在周围仔细寻找。金吒找得最认真，连石头缝、树背后都不放过。突然，金吒指着一棵大树的树洞叫道："这里面有字！"

哪吒和木吒赶紧跑了过去。这是一个很大的树洞，里面写了几行字：

"你们被我们骗了！你们刚才进的不是熔塔洞，而是烧人洞。我师傅带着宝塔去了熔塔洞。要找到这个熔塔洞并不费事，只要朝正西的方向走一段路。这段路有多长呢？它等于下面6个方格中的数字之和：

　　　　□□□+□□□=1996(千米)。"

金吒摇摇头："这个小孩帮忙倒是帮忙，就是帮忙不帮到底，总出题考咱们。"

木吒笑着说："大哥知足吧！人家小孩够意思的

了。再说，三弟数学好，这些题难不倒三弟。"

金吒指着算式说："这个问题可够难的！6 个方格中的数字，一个也不知道，还硬要求这 6 个数字的和。怎样才能求出每个方格里的数字呢？"

哪吒说："这里没有必要求出每个方格里的数字，只要求出和就成了。"

木吒问："从哪儿入手考虑哪？"

哪吒反问："二哥，你说哪两个数相加最接近 19 呢？"

"只有 9 + 9 = 18，最接近 19。"

"对！由于这两个三位数之和是 1996，所以可以肯定这两个三位数的百位数和十位数都是 9。"

"对！不然的话，和的前三位数不可能是 199。"

"两个个位数之和一定是 16。这样一来，6 个方格中的数字之和就是 9 × 4 + 16 = 36 + 16 = 52。"

金吒高兴地说："咱们要找的那个熔塔洞，只要朝正西的方向走 52 千米就可以找到。走！"

兄弟三人驾起云头，朝正西急驶而去。

16. 操练无敌长蛇阵

哪吒兄弟三人驾云很快找到了熔塔洞。刚到熔塔洞上端，就听到下面传来"1——2——3——4"操练的声音。

哪吒手搭凉棚往下看，只见红孩儿手拿小红旗，指挥一群小妖正在操练阵式。

红孩儿在地上画出了一个 6×6 的方阵，然后让 10 名小妖组成一个三角形的式样站在方阵中（图 1-6）。

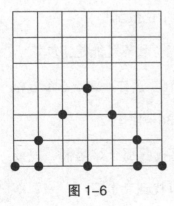

图 1-6

红孩儿的 6 大干将——云里雾、雾里云、急如火、快如风、兴烘掀、掀烘兴——率众小妖站在一旁观阵。

红孩儿对众小妖说："金吒、木吒、哪吒三兄弟，

不久就要杀将过来，我要用这个'无敌长蛇阵'来对付他们。"

众小妖振臂高呼："油炸金吒，火烤木吒，清炖哪吒！"

哪吒在云头微微一笑："胃口倒不小，吃咱们哥仨，还要分油炸、火烤、清炖三种不同的吃法。"

红孩儿摇动手中小红旗，让小妖安静下来："孩儿们听了，我要从你们当中选出一人当'无敌长蛇阵'的领队，这个人一定要智力超群。"

众小妖纷纷举手："我行！""我智力超群！"
"我如果身上粘上毛，比猴还精！"

"口说无凭，是骡子是马，拉出来遛遛！"红孩儿
说，"阵中的 10 名弟兄，都站在交叉点处。谁能调动
阵中的 3 名弟兄，使得调动后阵中的 10 名弟兄，站成
5 行，每行都有 4 名弟兄。"

听完红孩儿的话，小妖们你看看我，我看看你，
没有一个吭声的。

哪吒一看时机已到，赶紧跳下云头，口中念念有
词，冲快如风一招手。快如风犹如被强大的吸力吸引，
身体不由自主地飘了过来。哪吒在他头上轻轻拍了一
掌，快如风立刻晕死过去。哪吒摇身一变，变成了快
如风，跑到小妖当中。

哪吒变成的快如风，高举右手，大喊："大王，
我会调动！"

红孩儿扭头一看，是爱将快如风，十分高兴："快
如风，你来试试。"

　　"快如风"在阵前一站，下达命令："阵里的弟兄，听我指挥!"

　　"快如风"只调动了3名小妖，就完成了任务（图1-7）。红孩儿一数，果然那10名小妖站成了5行，每行都有4名小妖。

　　"好! 我把指挥旗交给你。只要哪吒三兄弟陷入'无敌长蛇阵'，我就会让他们有来无回!"红孩儿说完就把指挥旗交给了"快如风"。

图 1-7

　　"快如风"没有马上接旗，而是对红孩儿说："大王，您先演示一下'无敌长蛇阵'，我要看看它的威力。"

　　"好!"红孩儿一指雾里云，"你往'无敌长蛇阵'里攻!"

　　"得令!"雾里云大喊一声"杀!"挺长枪就往"无敌长蛇阵"里攻。

红孩儿挥动手中的指挥旗往左一摇，阵中的小妖立刻闪开一条路，让雾里云冲进阵里。

待雾里云冲到了阵中央，红孩儿把旗向右一摇，10名小妖立刻首尾相接，形成一条长蛇，弯弯曲曲把雾里云缠在了中间。圈子越缠越小。小妖个个手执兵器，从各个方向朝雾里云进攻。雾里云顾得了前来顾不了后，顾得左来顾不了右，身上多处受伤，可谓险象环生。

红孩儿把指挥旗往上一举，大喊一声："停！"阵中的小妖立刻停止了进攻。

"快如风"竖起大拇指："大王的'无敌长蛇阵'果然厉害，天下无敌！"

红孩儿"嘿嘿"一笑："俗话说'毒蛇猛兽'，我的'无敌长蛇阵'就是模仿毒蛇的缠绕战术，置敌于死地的！"

"快如风"突然问道："有没有破解'无敌长蛇阵'之法？"

听到这个问题，红孩儿的脸上闪过一丝惊讶，他迟疑了一下，说："天机不可泄漏！"

突然，被哪吒打昏的真快如风跑了过来。他捂着脑袋对红孩儿说："大王，刚才我被哪吒打昏了。"然后一指哪吒变的快如风说："他是假快如风，是哪吒变的。"

"啊!?"红孩儿两眼立刻露出凶光，步步逼近哪吒，"你是哪吒?"

哪吒连连摆手："大王，不能只听他的一面之词，我是真的快如风。"

红孩儿眼珠一转，说："你们两人站在一起，让我闻闻你们身上的味道，就会真相大白。"

哪吒也不知道红孩儿葫芦里究竟卖的什么药，闻闻就闻闻呗！哪吒向前走了两步，和快如风站到了一起。

周围的小妖发出阵阵惊叹声："哇！两个快如风长得一模一样呀！"

　　红孩儿先走到哪吒变的快如风旁边，用鼻子仔细闻了闻。然后又走到真快如风身旁，用鼻子只闻了一下，立刻用手一指哪吒变的快如风大喊："他是假的，快给我拿下！"

　　听到命令，红孩儿的6大干将立刻率众小妖把哪吒团团围住。

大王真是的，人家有名有姓的，干吗非叫人家狐狸精啊！

　　哪吒喊了一声："变！"立刻恢复了原形。哪吒根本没把这群气势汹汹的小妖放在眼里，他问红孩儿："奇怪了，你怎么能用鼻子分出真假？"

　　红孩儿"嘿嘿"一笑："快如风是个狐狸精，他身上的臊味特别大，老远就能

闻出来。"接着他把右手的指挥旗一举:"杀!"

"杀!"6大干将各执手中兵器,一齐朝哪吒杀来。哪吒抖动肩膀,大喊一声:"变!"立刻变成了三头六臂。哪吒六只手拿着的斩妖剑、砍妖刀、缚妖索、降妖杵、绣球儿、火轮儿这6件兵器,正好一件兵器对付一名干将。

17. 破解无敌长蛇阵

这时正在空中等候消息的金吒和木吒,一看哪吒被众妖围攻,大喊:"三弟莫慌,为兄来也!"两人立刻跳下云头,各挺兵器向小妖们杀去。一时杀得砂石乱飞,乌云蔽日。

杀了足有一顿饭的工夫,小妖死伤无数,红孩儿的6大干将也个个带伤。红孩儿看时机已到,把手中的指挥旗往左一摇,"无敌长蛇阵"的小妖们立刻闪开一条路。金吒和木吒不知道"无敌长蛇阵"的厉害,

立刻就往阵中冲。

哪吒一看急了，高声叫喊："不能进阵！"但是已经晚了，金吒和木吒已经冲进了"无敌长蛇阵"。

10名小妖立刻首尾相接，形成一条长蛇，弯弯曲曲把金吒和木吒缠在了中间。小妖手执兵器，从各个方向朝金吒和木吒进攻。金吒和木吒开始还能坚持，随着长"蛇"不断地变化，转动的速度时快时慢，缠绕的圈子时大时小，慢慢地有点支持不住了。

哪吒在阵外看得清楚，如果这样打下去，两位哥哥要吃亏的。哪吒大吼一声："我来也！"飞身跃进阵中。兄弟三人聚在一起，共同对付这条"怪蛇"。

红孩儿见哪吒也进入阵中，立刻把指挥旗连摇两下，于是又有100名小妖加入阵中。"怪蛇"变成了一条"巨蟒"，把兄弟三人紧紧缠在中间。

哪吒想：照这样打下去是不成的，要想办法破解这个长蛇阵。破解这个长蛇阵的关键在哪儿呢？突然，他想起"打蛇要打七寸"，虽然不知道这条"巨蟒"的

七寸在哪里，不过可以试试，先照着从头数第七个小妖打看看。想到这儿，哪吒大喊一声："接家伙！"手中的降妖杵直奔第七个小妖砸去。只听"嗷"的一声，这名小妖立刻倒地而死，现出原形——原来是个野狗精。

打死野狗精，长蛇阵立刻乱了阵形。哪吒三兄弟趁势一通猛打，长蛇阵瞬间四分五裂，小妖四处逃窜。红孩儿挺火尖枪迎战哪吒三兄弟。红孩儿虽然骁勇，但是好汉难敌四手，终因寡不敌众，败下阵来。他带领手下的6大干将和剩余的小妖落荒而逃。

金吒刚要去追，哪吒拦住了他。哪吒说："大哥，咱们这次来的目的，是找回父王的宝塔，所以当务之急是赶紧进入熔塔洞，找到宝塔，和红孩儿的账以后再算。"

"好！"金吒快步来到熔塔洞的洞口，看见洞门紧闭。金吒抬起右脚，照着洞门"咚咚"狠命踢了两脚，洞门纹丝不动。

金吒正想再踹它几
脚，突然发现洞门上画
有一个大圆圈，周围装
有 13 个布包（图 1–8）。
他忙招呼木吒和哪吒过
来："你们看这是什
么？"

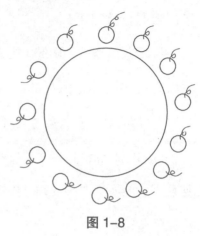

图 1–8

"旁边还有字。"木吒念道，"这个大圆的周围安
装了 13 个威力强大的炸药包，其中有 12 个是往外爆
炸的，只有 1 个是向里爆炸的。只有找到这个向里爆
炸的炸药包，才能把门炸开。如何找到这个向里爆炸
的炸药包呢？从有长药捻的炸药包开始，按顺时针方
向数，数到 10000 时，就是那个向里爆炸的炸药包。"

金吒瞪大了眼睛："哇，要数一万个哪！那还不
数晕了？"

"一个一个去数，不是办法。"木吒摇摇头说，
"万一数晕了，找到的不是向里而是向外爆炸的炸药

97

包，咱们仨就完了！"

哪吒说："数 10000 个数，由于是转着圈数的，所以有很多数都是白数的。"

金吒问："怎么数才能不白数？"

"应该把转整数圈的数去掉。"哪吒说，"转一圈要数 13 个数，去掉 13 的整数倍，余下的数就是真正要数的数。"

"对！"木吒说，"去掉 13 的整数倍的办法，是用 13 去除 10000。"说着就在地上列出一个算式：

$$10000 \div 13 = 769 \cdots\cdots 3。$$

哪吒看到这个算式，高兴地说："好了，只要从有长药捻的炸药包开始，按顺时针方向数，数到 3 就是我们要找的炸药包。"

木吒说："这样做，我们少转了 769 圈。"

金吒挠挠头："哎呀，如果一个一个地数，这 769 圈肯定能把人给转晕了！"

随着"呀"的一声喊，哪吒腾空而起。他用右手

一指，一股火光直奔那个炸药包。"轰隆"一声巨响，熔塔洞的洞门被炸开了。

"进！"哪吒一招手，木吒和金吒鱼贯进入熔塔洞。

熔塔洞里漆黑一片，伸手不见五指。金吒小声问："这里面连个火星儿都没有，怎么熔塔呀？"

哪吒也觉得奇怪："是啊，这哪儿像熔塔洞呀？"

说话的工夫，突然"轰"的一声，一股强光闪过，在三人面前出现了一个巨大的熔炉。熔炉的火苗蹿起有一丈多高，在熔炉的上方吊着的正是李天王的宝塔。

金吒猛然跃起，想拿到那个宝塔。只听得"咚"的一声，金吒不知和什么东西撞了一下，然后重重地摔在了地上。

哪吒赶紧把大哥扶起，仔细一看，原来在熔炉的外面罩了一个透明的罩子。金吒就是撞在了这个透明罩子上了。

哪吒再仔细看这个罩子，发现罩子上画有一个宝

塔形状的图（图 1-9），在宝塔的各个角上一共画有 7
个圆圈。

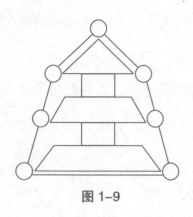

图 1-9

"这里有字。"木吒念
道，"把 1 到 14 这 14 个
连续自然数，填到图中的
7 个圆圈和 7 条线段上，
使得任一条线段上的数都
等于两端圆圈中两个数之

和。如能填对，罩子自动升起，可取出宝塔。"

金吒挠挠头，说："14个数同时往里填，还要填对，这也太难了！"

木吒在一旁说："大哥，为了取回宝塔，再难咱们也要填哪！"

哪吒想了想："14个数是多了些，如果同时考虑，容易引起混乱。咱们应该从简单的数入手考虑。"

"1，2，3，4最简单，是不是应该从它们考虑？"

"大哥说得对！由于任一条线段上的数都等于两端圆圈中两个数之和，所以要把小数先填进圆圈中。"说着哪吒把1到5这5个数填进了图里（图1–10）。

"我来填6，7，8。"接着金吒填了这3个数（下页图1– 11）。

"我填9，11，12。"木吒也填了3个数（下页图1–12）。

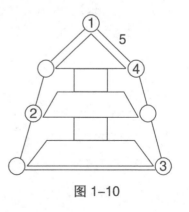

图 1–10

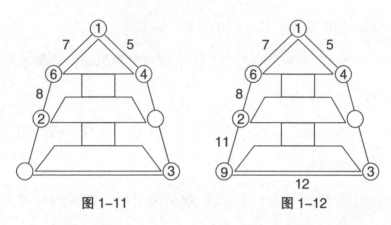

图 1–11　　　　　　　　图 1–12

"我把剩下的数都填上吧！"最后哪吒把图填完

（图 1–13）。

图刚刚填好，只听"呼"的一声，罩子自动升起。

"嗨！"木吒脚下一使劲，身子腾空而起，刚想去拿宝

塔，忽然，眼前红光一闪，3 个小红孩儿每人手中各

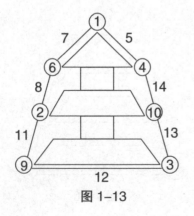

拿一杆一丈八尺长的火尖

枪，挡住了木吒的去路。

另一个小红孩儿拿起宝塔，

撒腿就跑。

木吒大叫："宝塔被

图 1–13　　　　小红孩儿拿跑了！"

18. 新式武器火雷子

哪吒一看父亲的宝塔被一个小红孩儿拿跑了，立刻火冒三丈。他对两个哥哥说："你们俩去追那个拿宝塔的小红孩儿，这里的 3 个小红孩儿交给我了！"

"好！"金吒和木吒立刻去追那个拿宝塔的小红孩儿。

"变！"哪吒大喊一声，立刻变成了三头六臂，手中的 6 件兵器向 3 个小红孩儿杀去。3 个小红孩儿深知哪吒的厉害，不敢怠慢，立刻挺火尖枪相迎，"乒乒乒乒"杀在了一起。

放下哪吒暂且不表，先说金吒和木吒追赶拿宝塔的小红孩儿。虽然前边的小红孩儿跑得快，但后面的金吒和木吒追得更急。

金吒边追边喊："快把宝塔放下，可饶你不死。不然的话，我会把你碎尸万段的！"

"还不知道谁碎尸万段哪！"说完小红孩儿一扬手，扔过一件东西。

"算你识趣，把宝塔扔过来了！"金吒高兴地刚要去接，一旁的木吒看清楚扔过来的不是宝塔，而是个圆溜溜的家伙。木吒不知扔来的是何物，怕中间有诈，情急之下，猛拉一把金吒："快走！"两人跳出去老远。

两人刚刚跳出，先是一阵火光，接着"轰"的一声，圆溜溜的家伙炸开，一团大火在半空中猛烈燃烧。

金吒吓得瞪大双眼，站在那里呆若木鸡。木吒擦了一把头上的汗："好险哪!"

小红孩儿看着他俩"哈哈"大笑："怎么样，好玩吧？告诉你们，要记住了，这个宝贝叫'火雷子'，是采太阳的精华经千年煅烧而成。我这里有好几个，你们俩要不要再尝一下?"说着左手托塔，右手伸进怀里好像在摸什么东西。

一看小红孩儿又要掏火雷子，金吒高喊一声："快走!"拉起木吒，"嗖"的一声蹿出去老远。

小红孩儿"哈哈"一笑，冲他俩招招手："我那火雷子是宝贝，我还舍不得给你们，拜拜!"说完脚底一溜烟跑了。

金吒和木吒由于害怕火雷子，不敢去追。金吒眼看小红孩儿拿着宝塔跑了，急得"哇哇"直叫。

这时，只听"咚"的一声响，从半空中扔下 3 个人来。金吒定睛一看，扔下来的是 3 个小红孩儿，个个背捆着双手。

原来，这3个小红孩儿和哪吒交手，没过10个回合，就被哪吒打倒在地。哪吒将他们捆将起来，带到了这里。

金吒说："三弟，那个拿走父王宝塔的小红孩儿有火雷子。这火雷子厉害无比，他刚才扔出了一个；若不是二弟拉了我一把，说不定我早完了！他说他身上还有好几个火雷子哪！"

哪吒问小红孩儿："那个拿走宝塔的小孩叫什么名字？"

三个小红孩儿异口同声地回答："叫红孩小儿。"

听到这个名字，木吒脸上露出诧异的表情。他心想："怎么会是他呢？红孩小儿究竟是好孩子，还是坏孩子？"

哪吒又问："这个红孩小儿身上还有几个火雷子？这次，不许一齐回答，要一个一个地说。"

小小红孩儿说："他身上至少有10个火雷子。"

红小孩儿说："他身上的火雷子不到10个。"

红孩儿小说："他身上至少有 1 个火雷子。"

金吒一瞪眼，问："怎么你们 3 人说的都不一样，到底听谁的?"

小小红孩儿回答："我们 3 个人中只有一个人说了实话。"

再问，3 个小红孩儿闭口不答。

金吒问哪吒："三弟，你看怎么办?"

哪吒想了一下说："咱们分析一下。首先，这 3 个小红孩儿的回答中，只有一个是对的。

告诉我红孩小儿还有几个火雷子，我给糖吃!

以这 3 个小孩说话的先后顺序排序，这时有 3 种可能：
'对、错、错'，'错、对、错'，'错、错、对'。"

木吒接着分析："第一种情况不可能。因为如果
'他身上至少有 10 个火雷子'是对的，那么'他身上
至少有 1 个火雷子'必然也是对的，这样就有两个对
的了，所以第一种情况不可能。"

哪吒说："第三种情况也不可能。因为'他身上
至少有 10 个火雷子'与'他身上的火雷子不到 10 个'
中，必然有一个是对的，不可能都错，所以第三种情
况也不可能。"

"只剩下第二种情况是对的了。"金吒开始分析，
"第二种情况是'错、对、错'，就是说'他身上的火
雷子不到 10 个'是对的。可是不到 10 个，有可能是
0 个、1 个、2 个、3 个一直到 9 个呀，到底是几个还
是不知道呀！"

金吒分析半天，没分析出任何结果。3 个小红孩
儿听了"哈哈"大笑。金吒恼羞成怒，举拳就要打，

哪吒赶紧拦住。

哪吒说："大哥，你还没分析完哪！虽说'他身上的火雷子不到 10 个'是对的，但是'他身上至少有 1 个火雷子'是错的，这说明红孩小儿身上 1 个火雷子都没有了。"

"哇！"金吒跳起有一丈多高，"红孩小儿在蒙咱们哪！他身上没有火雷子啦，那咱们还怕他什么？追！"

可是回头再找红孩小儿，已经踪影全无了。

金吒问 3 个小红孩儿："红孩小儿跑到哪里去了？"

红小孩儿回答："红孩小儿是我们 4 个人中最鬼的一个，他往哪里跑，谁也不知道。"

木吒突然想起，这个红孩小儿有个习惯，他到哪儿去，总喜欢把要去的地方编成一道数学题留下来。这次他会不会也这样做呢？

想到这儿，木吒开始在周围仔细地寻找。

金吒不知道他在干什么，就问："二弟，你在找什么哪？"

木吒随口回答："我也不知道我找什么哪！"

"嘿，真奇怪了！你不知道找什么，还怎么找啊？"

突然，木吒发现了一片竹片。他捡起翻过来一看，竹片背面密密麻麻写了好多字。

木吒高兴地说："找到了！"

19. 夺回宝塔

木吒发现了一片竹片，翻过竹片，只见背面写着：

"要找我，先向北走 m 千米。m 在下面一排数中，这排数是按某种规律排列的：

16，36，64，m，144，196。

然后再向东走 n 千米，n 是下列数列

1，5，9，13，17，…

的第 100 个数，这列数也是有规律的。"

金吒挠着自己的脑袋，说："这列数有什么规律？我怎么看不出来呀！"

"首先这一排数都可以被4整除。对！我先用4来除一下。"哪吒做了除法：

$$4，9，16，\frac{m}{4}，36，49。$$

"要仔细观察除完之后的这一列数，看看它们有什么特点。嗯……"哪吒双手一拍，"看出来啦！这里面的每一个数，都是一个自然数的自乘。你们看，$4 = 2 \times 2$，$9 = 3 \times 3$，$16 = 4 \times 4$，$36 = 6 \times 6$，$49 = 7 \times 7$。"

"耶！规律找到了！"哪吒高兴地说，"这一列数的排列规律是：$16 = 4 \times 2 \times 2$，$36 = 4 \times 3 \times 3$，$64 = 4 \times 4 \times 4$，$144 = 4 \times 6 \times 6$，$196 = 4 \times 7 \times 7$。这中间缺了什么？"

木吒看了一下说："缺 $4 \times 5 \times 5$！而 $4 \times 5 \times 5 = 100$，$m$ 应该等于100。哇！找红孩小儿要先向北走100千米！"

金吒也想试试："第二列数是 1，5，9，13，17，…。

111

从 1 到 5，缺了 2，3，4。从 5 到 9 缺了 6，7，8。可是这些数有什么规律呢？"金吒摸着脑袋声音越来越小。

哪吒提醒说："大哥，你别把注意力都集中在缺什么数上，要注意观察相邻两数。你看看相邻两数间隔了几个数？"

金吒赶忙说："我会了，我会了。相邻两数之间，都间隔了 3 个数。1 和 5 之间间隔了 2，3，4；5 和 9 之间间隔了 6，7，8。因为 $1=1$，$5=1+4$，$9=1+4\times2$，$13=1+4\times3$，$17=1+4\times4$，依此类推，第 100 个数为 $1+4\times99=397$，$n=397$。"

"先向北追 100 千米，然后再向东追 397 千米。大哥、二哥，咱们追红孩小儿去！"哪吒一招手，兄弟 3 人腾空而起，向北追去。

兄弟 3 人正驾云往前急行，忽听有人在下面喊叫："哪吒，哪吒，我在这儿！"

哪吒低头一看，正是红孩小儿在叫他。哪吒向二

位哥哥说："我下去看看。"说完他按下云头，落到地面。

哪吒问红孩小儿："宝塔呢？"

红孩小儿没搭话，用手指了指旁边的一个山洞。哪吒走近几步，仔细观察这个山洞。洞口很小，直径有半米左右；看看，洞里黑咕隆咚；听听，洞里鸦雀无声。

金吒和木吒也凑了过来，金吒说："三弟，我进去看看！"说完就要往洞里钻。哪吒一把拉住金吒："大哥，慢着！"

金吒问："怎么了？"

"留神洞里有诈！"哪吒说，"红孩儿十分狡猾，他擅长布置圈套，让别人来钻，我们不得不防。"

"那怎么办？难道咱们就在外面傻等着？"

"这个……"哪吒低头沉思了一会儿，"这样办！"

哪吒突然伸出右手，一把揪住红孩小儿的胸口，把他从地上举起。

哪吒大声呵斥道："好个红孩小儿，你和红孩儿串通一气，早在山洞里布置好了暗道机关，诱骗我们进去，好把我们消灭在山洞里。今天不能留着你，我要把你活活摔死！嗨！"随着一声呐喊，哪吒把红孩小儿高高举过头顶。

这一下可把红孩小儿吓坏了，他一边蹬腿，一边高喊："师傅救命！圣婴大王救命！哪吒要把我摔死！"

"哪吒小儿住手！"随着一声叫喊，红孩儿从洞中

飞了出来。他用手中的火尖枪一指哪吒："哪吒！别拿我的小徒儿说事，有本事的冲我圣婴大王来！"

"手下败将，还我宝塔！"哪吒手执乾坤圈迎了上去。金吒和木吒也不敢怠慢，各执武器围了上去，把红孩儿团团围在中间，好一场恶战！

十年不见，红孩儿的功夫大有长进，哪吒兄弟三人一时也奈何不了他，反而是红孩儿越战越勇。

突然，红孩儿大叫："红孩小儿，快进洞把宝塔毁了！"

"是！"红孩小儿撒腿就往洞里钻。

木吒一看不好，手执铁棍立刻跳了过去，挡住了红孩小儿的去路。红孩小儿抽出双刀，和木吒战在了一起。

红孩小儿哪里是木吒的对手，几个回合下来，招数也乱了，气也喘了，头上的汗也下来了。激战中他突然向空中大喊："师兄、师弟，快来救我！"

话音刚落，只听得"我们来了"，紧接着"嗖、

嗖、嗖"三声，小小红孩儿、红小孩儿、红孩儿小从空中落下，四小红孩儿把木吒围在了中间。

正当两圈人马杀得天昏地暗时，突然西方闪出霞光万道，只见托塔天王李靖带领巨灵神、大力金刚、鱼肚将、药叉将等众天兵天将出现在空中。

李天王一指红孩儿："大胆红孩儿，还不把宝塔归还于我？"

红孩儿"嘿嘿"一阵冷笑："李天官，宝塔就在洞里，有本事自己进洞去取！"

哪吒在一旁提醒："父王，红孩儿在山洞里布置好了暗道机关，万万不能上他的当！"

李天王眉头微皱，"嘿嘿"一笑："雕虫小技，能奈我何？"说完口中念念有词，用手向山洞一指。只听"轰隆隆"震天动地一响，整个山被炸飞，一座玲珑剔透的宝塔出现在众人的面前。

"来！"李天王向宝塔轻轻招了招手，宝塔腾空而起，轻飘飘地向李天王手中飞来。宝塔越变越小，最

后变成一座金光
闪闪的小宝塔，
落入李天王的手
掌之中。

　　红孩儿一看
此景，知大势已
去，长叹一声，
带着四小红孩儿
化作一道红光，
向南方逃去。

　　哪吒刚想去

追，李天王摆摆手："放他一条活路吧！"说完带领3
个儿子和众天兵天将，班师回朝。

寻找外星人留下的数学题

1. 带弯刀的阿拉伯男人

大双和小双是育新小学五(4)班的学生。他俩是孪生兄弟，奇妙的是，这哥儿俩无论是长相还是性格都有很大差别。哥哥大双，细高个，一双眼睛老是眯缝着，好像总在思考什么问题似的。大双性格内向，做事慢条斯理，走起路来也是慢悠悠的。告诉你一个小秘密，大双数学学得可好了，在他们年级那是数一数二的。

　　弟弟小双，长得敦厚结实，浓眉大眼，一对招风耳煞是可爱。小双性格外向，干什么都是风风火火的，除了睡觉，嘴巴也总是"叽叽喳喳"不闲着。至于学习嘛，那是"一般一般，班上十三"。

　　不过，虽然这哥儿俩长相、性格有很大差别，但他们有一个共同的爱好，那就是都爱看科幻小说。什么飞碟、外星人、时间隧道，这哥儿俩只要一看起来就着迷。

　　这天，哥儿俩借了一本科幻小说，讲的是一个小男孩无意中得到一根魔笛，通过这根魔笛，小男孩可以穿越时空在过去、现在、未来之间穿梭。哥儿俩脑袋扎在一起看得忘记了白天黑夜，晚上睡觉时，这哥儿俩脑海里还净是魔笛穿越时空的场景。

　　睡着睡着，也不知是梦境还是现实，忽然银光一闪，一架银白色的飞碟悄然降落到他们身边。从舱体里钻出一个长相奇特的外星人，只见外星人轻轻推醒了大双、小双，然后微笑着对他们说："大双、小双，我知道你们爱看科幻故事，所以，今天我就带你们乘

坐时间机器去旅游，你们想去哪里？"

大双、小双呆住了，半天说不出一句话来，直到外星人又重复了一句，哥儿俩才异口同声地说："埃及金字塔！"

恍惚中，大双、小双爬进了飞碟。很快，飞碟就消失在一片旋涡中。也不知过了多久，飞碟停住了，外星人轻轻地对他们说："埃及到了，你们下去吧，注意安全！"

哥儿俩又新鲜、又害怕地爬出舱体，发现自己置身在一个全然不同的世界里。小双好奇地东张西望，只见这里人来人往，叫卖声此起彼伏。原来，这里是开罗著名的汗·哈利里市场。市场道路狭窄，街道两旁挤满了小店铺，主要出售铜盘、石雕等埃及传统手工艺品。哥儿俩这里摸摸，那里看看，新奇极了。

小双光顾着看周围的东西了，突然"哎哟"一声，不知和什么东西撞了一下。大双连忙扶住小双，抬眼一看，忍不住笑了起来。原来，和小双相撞的是一头

毛驴。毛驴上骑着一名着阿拉伯服饰的中年男子，头上包着大头巾，腰间还别着一把阿拉伯弯刀。

小双抱着头嘟嘟囔囔地说："有没有搞错？你是谁呀？骑着毛驴也不注意点！"

这个中年男子一看撞了人，忙翻身从驴上下来，嘴里不停地说着"对不起！对不起"，然后从口袋里掏出一张名片递了过来："不认识我呀？喏，这是我的名片，好好看看。"

小双接过名片，一看，上面没有文字，只写着四组数字：

1234　56　78　78。

小双觉得奇怪，悄悄对大双说："这人古里古怪的，连名字也稀奇古怪，居然是四组数字！"

大双也觉得奇怪，他想了想说："翻过来，看看背面是什么？"

小双翻过名片，只见背面有张表：

4534 何	2356 理
5078 靶	1289 陈

"大双哥，背面有一张表，表里有数字还有汉字。"

大双仔细看着这张表，说："小双你看，表里的每个汉字上面都有四位数字。"

小双点点头："而且每个汉字都是由左右两部分组成。"

"对！"大双有点兴奋，"这样一来，汉字的每一部分都对应一个两位数字。比如说，'靶'字的左边'革'对应数字50，右边的'巴'就对应着数字78。"

50	78
革	巴

突然小双有新发现："看！名片里最后两组数字就是'78 78'呀！"

大双想了想："78 78 对应的就应该是'巴 巴'，他应该叫'××巴巴'。"

"我知道了。"小双反应还是快，"'12'对应着'阝'，'34'对应着'可'，合起来'1234'对应着'阿'，而'56'对应着'里'。哇！他就是大名鼎鼎的阿里巴巴呀！"

阿里巴巴摸着下巴，不无遗憾地说："难道你们连我阿里巴巴都不认识？我就是世界名著《阿里巴巴与四十大盗》里的主角，那个会秘诀'芝麻开门来！'的阿里巴巴呀！"

"真是阿里巴巴，太好啦！"小双高兴得跳了起来。

阿里巴巴眯缝着眼睛，问："你们两人是双胞胎吧？"

小双奇怪地问："你怎么看出来的？我们俩长得可是一点也不像呀！"

阿里巴巴笑着说："虽然你们俩长得不太像，但你们俩笑起来的神态可是一模一样的哟！"

小双拍了一下阿里巴巴的肩头："算你有眼力。我叫小双，你看，我长得大脑门、大眼睛，聪明得不得了啊！"

小双一指大双："他是我哥，叫大双。大双数学学得特别好！"

"数学特别好？"听了这句话，阿里巴巴眼睛一亮，

"那可太好啦！我正到处找数学学得特别好的人哪！"

小双感到奇怪："你找数学学得特别好的人干什么？"

阿里巴巴表情十分神秘，小声地说："我听说，外星人在埃及的大金字塔里留下了10道数学题。"

阿里巴巴左右看了看，接着又说："如果谁能把这10道数学题找到并正确解出来，外星人就带谁到火星上去玩。"

"这是真的！"小双嘴张到了最大。

大双慢吞吞地问："这样的好事，你为什么不去金字塔找找呢？"

"我一直想去找。嘻！我的智商极高，偏偏数学不好。我想找一个数学特别好的人和我一起去。"

小双撇了撇嘴，悄悄对大双说："吹牛！哪有智商高而数学不好的？"

阿里巴巴非常遗憾地说："可惜呀，现在是数学好的人不多了，傻子、白痴满街跑。我找了这么多日

125

子了，竟一个也没有找到。"

小双本就是个科幻迷，听说能到火星上去玩，早就激动得不行，这时听阿里巴巴这么一说，忙央求道："让我们哥儿俩跟你去好吗？"

"那当然好了。不过，我先要出道题考考你哥，看看他数学是不是学得真好。"

"请随便出题。"大双不怕考数学。

阿里巴巴十分严肃地说："有一道数学题困扰了我十多年了。题目说：两数的和大于一个加数21，也大于另一个加数19，这两个数的和是多少？"

"哈哈，这么简单的问题还用问我哥？还困扰了你十多年？我来告诉你：一个加数21，另一个加数19，这两个数的和就是 $19+21=40$ 啊！"

阿里巴巴竖起大拇指："这么快就算出来了，真了不起呀！"

"这么简单的问题，一年级小学生都会算呀！哈哈……"小双笑得前仰后合。

阿里巴巴没乐，更加严肃了："还有一道更难的题，让我费了二十年的脑筋，直到现在还没做出来。这个题是这样的：有一个一位数，这个数的两倍是个两位数；如果把这个两位数写在纸上，倒过来看，就变成这个数的自乘了。问这个数是几？"

小双觉得这道题有点难度，就看了一眼大双。

大双知道这是让他来解："这个一位数必然大于4，不然的话，它的两倍就不可能是两位数了。"

小双解释说："$4 \times 2 = 8$，8还是一位数呀！$5 \times 2 = 10$，10才是两位数。"

大双又说："而且这个两位数，只能是10到18之间的偶数，而且倒过来看还是一个两位数，要满足题意的话，这个数只能是9了。"

小双补充说："你看，$9 \times 2 = 18$，将18倒过来看是81，$81 = 9 \times 9$。这个数就是9！"

阿里巴巴同时竖起左右两根大拇指："真了不起！"

　　小双笑嘻嘻地说："这第二道题嘛，还够二年级水平。"

　　"看来你们俩的数学没问题。好吧，咱们一块去找外星人留下的数学题，你们等我一会儿啊！"说完阿里巴巴一拍毛驴走了。

　　"跑了？不会是骗子吧？"小双有点莫名其妙。

　　大双没说话，若有所思地看着阿里巴巴远去的背影。

　　一顿饭工夫，阿里巴巴回来了。他找来一头单峰骆驼，对大双、小双说："这里离大金字塔还比较远，你们俩骑这匹骆驼，我还骑我的毛驴，咱们出发！"

2. 奔向金字塔

　　阿里巴巴骑着毛驴在前面走，大双、小双合骑一匹骆驼跟在后面。三人不紧不慢地往前走着，顺道看看沿途的风光。

　　小双骑在骆驼上一晃一晃的，看着阿里巴巴腰间的阿拉伯弯刀，小双十分好奇。那弯刀做得十分精致，刀鞘上还镶嵌着美丽的宝石。小双问："阿里巴巴，你为什么老是带着这把弯刀呢？"

　　阿里巴巴笑了笑说："看过《阿里巴巴与四十大盗》这本书的人都知道，四十大盗都被我和我的女仆消灭了。"

　　小双一伸大拇指："你的女仆马尔佳娜好棒啊！聪明得不得了！"

　　阿里巴巴微微点点头，转眼间表情却变得沉重起来："是啊，虽说四十大盗死了，他们的儿子又组成

了小四十大盗。小四十大盗到处追杀我，扬言要替他们的父亲报仇。"

小双大吃一惊："啊？怎么会这样？太可怕了！"

三人正有一搭没一搭地聊着，突然后面扬尘暴起，马蹄声急，一支马队朝他们这边疾驰而来，隐隐约约听到有人在大喊："我看清楚了，前面那个骑毛驴的就是阿里巴巴，快追啊！别让他跑了！"

阿里巴巴脸色大变："糟糕，小四十大盗追来啦！他们怎么知道我在这里的？"

大双、小双哪见过这种阵势，脸早就吓白了，一个劲地追问阿里巴巴："怎么办，怎么办？"

阿里巴巴已经慌了神，他一边摇头，一边快速抽出腰刀，强自镇定地说："只有跟他们拼了！"

眼看着小四十大盗越追越近，小双急中生智，对阿里巴巴说："你一个人也打不过他们。这样吧，咱俩互换一下衣服，你和我哥哥骑着骆驼按原路走，我骑你的毛驴往另一个方向跑，引开他们。"

阿里巴巴也没有什么好主意，只好点点头。两人赶紧脱衣服，阿里巴巴穿上小双的衣服，就像穿着裤衩和背心，而小双穿上阿里巴巴的衣服，就像套上了一个大口袋。旁边的大双看着他俩那滑稽样，忍不住笑了起来。

阿里巴巴瞪了他一眼："都什么时候了，还有心情笑？"

小双一脸苦相："穿这么厚的羊皮袄，我非捂出一身痱子不可！"

阿里巴巴和大双骑上了骆驼，继续往前走。小双骑上毛驴，朝另一个方向跑去。

阿里巴巴叮嘱小双说："小心小心再小心，镇定镇定再镇定！对了，小双，咱们怎样联系呀？"

小双回头说："我和大双都有手机。打手机吧！"说完照着驴屁股狠狠抽了两巴掌，毛驴高叫一声，撒腿就跑。

小双骑着毛驴在前面跑，小四十大盗挥舞着弯刀

在后面追。眼看着越追越近，小双强自镇定，装作不紧不慢地往前走着。

很快，小四十大盗就追上了小双。只见这伙阿拉伯人个个手拿弯刀，身披黑斗篷，一个个凶神恶煞的样子。为首一个头领模样的人手拿弯刀一指："阿里巴巴，这次你跑不了啦！快快下驴受死吧！"

小双故作害怕地滚下毛驴，甩掉身上的长袍，颤颤抖抖地说："什么……什么阿里巴巴……我是……我是小双。你们……你们追我小双干什么……"

那个头领立刻勒住了马，看清是一小孩后大吃一惊："啊，他不是阿里巴巴，是个毛头小孩！"说完他掉转马头，对他手下的人大声呵斥：

"你们是怎么干活的，叫你们找阿里巴巴怎么找一小孩了？一群废物加笨蛋！走，咱们到别处去找阿里巴巴！"说完这个头领一夹马肚子，领着那帮喽啰扬长而去。

小双看着他们远去的背影心里暗道："四十个笨

蛋也斗不过我一个小双!"

确定他们已走远后,小双掏出手机和大双通话: "大双哥,小四十大盗全跑了,你们现在在哪儿?"

大双回答: "我们在前面一个沙丘的后面。"

"驾!"小双在驴屁股后猛拍一巴掌。毛驴快步往前跑,果然在沙丘的后面找到了大双和阿里巴巴。

阿里巴巴十分佩服: "小双真是智勇双全,一个人力退小四十大盗,了不起呀!"

阿里巴巴一夸,小双还真有点不好意思: "嘿,我这是初生牛犊不怕虎。你这羊皮袍子热得不得了,咱俩快换过来吧!"

"好,好!"阿里巴巴和小双换好衣服。小双和大双继续骑骆驼,把毛驴还给阿里巴巴,三人继续前行。

小双问: "你带我们去哪个大金字塔呀?"

"我带你们去埃及最著名的胡夫大金字塔。胡夫金字塔大约建于公元前 2550 年,距现在有 4500 多年了。在 1888 年巴黎建筑起埃菲尔铁塔以前,它一直是世界

最高的建筑物。"

"那还不快走!"小双又猛拍了骆驼屁股一巴掌,骆驼一惊,猛地往前一蹿,差一点把哥儿俩摔下来。

"哈哈!"小双觉得好玩。

又走了一段路,终于看到了漫漫黄沙。小双第一次看到沙漠,高兴极了,忍不住脱了鞋翻身从骆驼背上下来。没想到脚一沾地,小双便"哎哟"一声跳了起来。原来,沙漠里的沙子火烫火烫的。

阿里巴巴笑着说:"别闹了,小双。看,金字塔到了!"大双、小双抬眼一看,真的,著名的金字塔已

在眼前。大的有三座，小的若干座，还有那尊赫赫有名的人面狮身斯芬克斯雕像。三人来到最大的胡夫金字塔前，沿着周长一公里的金字塔转了好几圈。

小双兴奋极了："哇！这么高大，太雄伟啦！"

大双由衷地赞叹道："四千多年前，人类就能造出建筑技术这么精湛、又这么大的金字塔，真不可想象！"

3. 又唱又跳的老主编

大双和小双正看着金字塔出神，突然跑来一个披头散发的欧洲人。这个人长得胖胖的，大约五十来岁，一双眼睛像铜铃般大。这个人来到金字塔前像着了魔似的，又唱又跳：

"金字塔太神秘，太神秘！

金字塔不可思议，不可思议！"

大双、小双吓了一跳，赶紧躲到一边。小双好奇

地问阿里巴巴："这人怎么回事呀？"

阿里巴巴小声说："听说他过去是英国一家杂志的主编，叫约翰。这个人曾对胡夫金字塔的各部分尺寸做过仔细计算，发现了一些奇特现象。他研究了许多年，但对这些奇特现象还是百思不得其解，最后精神失常了。"

什么都好奇的小双，当然不能放过这件新鲜事，他赶紧下了骆驼，跑了过去。

小双先行了一个举手礼："约翰先生，你讲金字塔太神秘——金字塔怎么太神秘了？又怎么不可思议了？"

约翰看小双问他有关金字塔的问题，立刻来劲了。他停止了跳舞，眉飞色舞地说："胡夫金字塔可是一个非常神秘的建筑。它的底座是一个正方形，这个正方形的边长 a 为 230.36 米，金字塔的高 h 为 146.6 米。我把正方形相邻两边相加，再除以高……"说着他在地上列出算式：

$$\frac{a+a}{h} = \frac{230.36+230.36}{146.6} = \frac{460.72}{146.6} \approx 3.142 \approx \pi。$$

约翰瞪着一双铜铃般的大眼睛，指着计算结果说："你看，金字塔里怎么会藏有圆周率呢?简直是不可思议，不可思议啊!"

小双点点头："确实是不可思议呀!"

约翰见小双同意他的观点，立刻高兴地拉起小双，又开始连唱带跳起来。小双干脆也跟着跳起来。

约翰唱："金字塔太神秘，太神秘!"

小双跟着唱："金字塔不可思议，不可思议!"

阿里巴巴怕小双和约翰一样，也得了精神病，赶紧把小双一把拉了过来："你别和他跳了，咱们赶紧进金字塔找外星人留下的数学题吧!"

大双却站住不动了，他自言自语地说："金字塔和圆周率 π 怎么会搞到一起去了呢? 实在是怪呀!"

这时旁边恰巧站着一位年长的埃及学者，他给大双做了解释："小朋友，我来给你解释。"

埃及学者先在地上画了一个图（图 2-1），接着说："据考证，修金字塔时，先定塔高 h 为 2 个单位长，取高的一半为直径，在中心处做一个大圆。让大圆向两侧各滚动半周，这样就定出了金字塔的一条底边长。其长度为

$$a = \frac{1}{2} \times \pi + \frac{1}{2} \times \pi = \pi。"$$

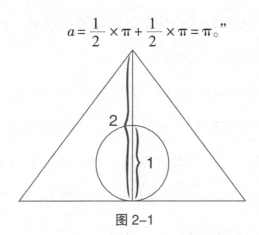

图 2-1

埃及学者又说："再利用上面的算式计算，就得到圆周率了：

$$\frac{a+a}{h} = \frac{\pi+\pi}{2} = \pi。"$$

大双问："老爷爷，当时他们为什么要在中心处作一个大圆？而且让大圆向两侧各滚动半周呢？"

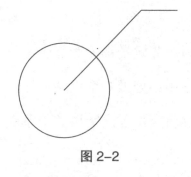

图 2-2

"问题提得好！"埃及学者说，"据考古学家发现，古埃及人丈量长度常用测轮（图 2-2）。当轮子半径一定时，轮子转动一周所丈量的长度恰好等于圆周长。看来，π 出现在金字塔中实际上是测轮起了作用。"

"谢谢爷爷的指点。"大双向埃及学者深深鞠了一躬。埃及学者笑着点点头："好，多懂事的孩子啊！"

阿里巴巴怕约翰又来找小双，他一手拉着大双，一手拉着小双，朝金字塔的大门跑去，边跑边说："咱们快进去找题吧！"

大双问："进了金字塔，咱们到哪儿去找外星人留下的数学题呢？外星人留下的数学题有什么特殊记号吗？"

阿里巴巴说："外星人留下的数学题没有固定地点，常常出现在你预想不到的地方；但是题目上一定

有一个飞碟的记号。"说完
阿里巴巴停下来画了一个
飞碟模样的图案（图 2-3）。

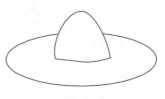

图 2-3

金字塔的门离地面还
有十几层台阶，小双带头往上爬。爬着爬着，突然从
上面掉下一块土块，正好砸在小双的大脑门上。

小双抱着头大叫："呀！是什么东西？砸死我
啦!"

土块掉在地上，摔碎了，从里面掉出一张纸条。
小双拣起来，发现上面画有飞碟的记号。

小双高兴得手舞足蹈起来，忘记了脑门的疼痛："哇！土块里面掉出一张纸条，上面有画和数字，还画有飞碟的记号哪！"大双和阿里巴巴赶紧围拢过来。

只见纸条上画有房子、猫、老鼠、大麦穗、装有大麦的斗（图2-4），图的下面都有数字。

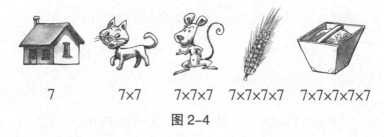

7   7×7   7×7×7   7×7×7×7   7×7×7×7×7

图2-4

这幅画是什么意思呢？三个人你看看我，我看看你，百思不得其解。

突然大双拍了一下大腿，说："有了！我理解这幅画的意思是：有7座房子，每座房子里有7只猫，每只猫吃了7只老鼠，每只老鼠吃了7穗大麦，每穗大麦种子可以长出7斗大麦。让你算出房子、猫、老鼠、麦穗数和麦穗长出的大麦斗数的总和是多少？"

"我来算算。"小双一听有道理，忙抢着开始计算，

"房子数为 7，猫有 7×7 只，老鼠有 7×7×7 只，麦穗有 7×7×7×7，麦穗长出的大麦斗数为 7×7×7×7×7。"

小双扭头看着大双，问："哥，我做的对不对呀?"

大双点点头。

一看自己做对了，小双信心倍增："把这几个数相加，总数是：

$$7+7×7+7×7×7+7×7×7×7+7×7×7×7×7$$

$$= 7[1+7 (1+7+7×7+7×7×7)]$$

$$= 7\{1+7[1+7(1+7+7×7)]\}$$

$$= 7[1+7 (1+7×57)]$$

$$= 7[1+7 (1+399)]$$

$$= 7[1+7×400]$$

$$= 7 (1+2800)$$

$$= 7×2801$$

$$= 19607。$$

哇！总数是 19607。"

"完全正确!"大双又一次肯定小双的做法。

4. 爬上大通道

阿里巴巴带着大双、小双来到金字塔门前，发现金字塔的大门紧闭。

小双皱了皱眉："糟糕！金字塔的大门怎么是关着的呀？"

"大门紧闭不要紧，我有开门的口诀呀！"阿里巴巴双手合十，念着口诀：

"芝麻开门，芝麻开门，芝麻快开门！"

尽管阿里巴巴连念了好几遍口诀，大门却不"买账"，依然紧闭，甚至连个门缝都没开。

大双嘟着嘴巴说："喂！阿里巴巴，你念了半天口诀，这大门怎么连个门缝也没开呀？"

阿里巴巴紧锁眉头："奇怪呀，我的口诀是十分灵验的，今天怎么失灵啦？"

"到了埃及，只有芝麻就不行了！听我小双的吧！"

说完小双双手合十，学着阿里巴巴的样子念起口诀：
"芝麻、巧克力、泡泡糖、胡椒粉、酸黄瓜、小辣椒开
门来！"

　　阿里巴巴听了小双的口诀，哭笑不得："你这都
是些什么呀？是口诀吗？酸甜苦辣五味俱全。"

　　"哈哈！时代不同了，口味也在发生变化。"

　　说也奇怪，小双念完之后，金字塔的门真的打
开了。

"看，大门打开了。不管念的是什么口诀，打开大门就行！同志们，跟我往里冲啊！"小双撒腿就往里跑。

"冲！"大双紧跟着往里跑。

进了金字塔的门就是上行通道，一进门就看见一个戴着眼镜的中年人，拿着仪器正在测量着什么。这个人一边测量一边口中还念念有词。

"金字塔里面有人！"小双对什么事情都好奇，他跑过去问："先生，您这是干什么哪！"

中年人扶了一下眼镜，头也没抬地说："我在测上行通道和水平面的夹角（图2-5）。"

大双也凑了过去，问："您测出的角度是多少呢？"

"26°——可是怎么会是26°呢？"中年人对自己测出的度数一脸的不解。

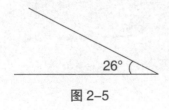

图 2-5

大双看这中年人一脸的迷

惑，好奇地问："26°角有什么奇怪的?"

中年人瞪了大双一眼："26°角就是奇怪得很！你知道，这26°可不是一个随便的角度啊！"

小双也奇怪了，问："这26°有什么特殊的?"

中年人不耐烦地看了他们俩一眼，说："怎么你们连这都不知道。喏，是这样……"说完中年人在地上画了一个图（图2-6），然后指着图说：

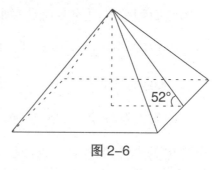

图2-6

"金字塔是个正四棱锥，侧面是四个全等的三角形，侧面和水平面的夹角是52°，恰好是26°的两倍！这难道是偶然的吗？这绝不可能是一种巧合！"

小双没弄懂："这26°我还没弄清楚哪，又出来52°了，越说我越糊涂。"

大双问中年人："您知道金字塔这个正四棱锥的侧面和水平面的夹角为什么是52°吗?"

　　"当然知道，我来给你做个试验。"说完中年人用手捧起一捧沙土，然后让沙土自己慢慢流下，落下的沙土形成一个圆锥体，"我让沙土自然流下，形成一个圆锥体的沙堆。"

　　中年人把测角的工具递给大双："你量量这个圆锥的侧面和水平面的夹角是多少?"

　　大双刚一量完，就大叫一声："哇！夹角正好是52°，真的很酷耶！"

　　中年人解释说："52°是锥体最稳定的角度。由于金字塔处在沙漠之中，风沙很大，金字塔必须修建得十分牢固和稳定才行，所以当初的修建者就选择了52°这个角度。"

　　小双伸伸舌头，佩服地对中年人说："想不到，你还是一位大学者哪！"

　　大双又问："那么，上行通道和水平面的夹角为什么是26°呢?"

　　"谁知道这是为什么呢？我要是知道就好了。"中

年人说着说着就开始又唱又跳起来：

"金字塔太神秘，太神秘！

金字塔不可思议，不可思议！"

小双听到这首歌，立刻大惊失色："哇！他和英国的约翰主编唱的是同一首歌，他是不是也神经错乱啦？"

阿里巴巴摇摇头："这金字塔里总有一些不可思议的事，咱们还是走吧！"说完拉起小双就要走。

小双没动："他有病，应该请医生看。我可不能看着不管，我要打 120 叫急救车。"说着他掏出手机就拨打 120，"喂，你是急救站吗？我这儿有一个精神病患者，需要医治。"

对方问："你现在在哪儿？"

"我在埃及大金字塔。"

"我们去不了埃及，请你求助当地的急救站。"

阿里巴巴苦笑着说："你打北京的急救站，人家怎么来得了？咱们还是赶紧往上爬吧！"

三人刚要离开，小双忽然发现，中年人的屁股上贴着一张纸条："看哪，这位大学者的屁股上还贴着一张纸条！"

大双说："快揭下来看看。"

小双轻轻揭下来，看见纸条上面画有飞碟的记号："哇！纸条上面有飞碟的记号！"

大双一听来劲了："这是外星人出的第二道题。这题怎么贴到他屁股上了？小双你念念题。"

小双大声读题："大双5天没撕日历了。他一次撕下了前5天的日历，这5天日历上的数字和是45。问大双是几号撕的日历？"

"外星人认识我大双？"大双十分诧异，"可是外星人说得不对，我是天天撕日历的。"

阿里巴巴摇摇头说："不管你是不是天天撕日历，你必须把这道题做出来。"

小双在一旁帮腔："对啊！答不上来，外星人就不带咱们去火星上玩了。"

没想到大双不假思索，脱口而出："是 12 号撕的日历。"

阿里巴巴大吃一惊："哇！脱口而出，大双的数学真的很厉害耶!"

小双有点不相信："快是真快，做得对吗?"

阿里巴巴也问："大双，你是怎么算的?"

大双解释说："由于是相连的 5 天，所以日期必然是相连的 5 个数。这 5 个数的和是 45，中间的数必然是 45÷5＝9；9 号往后数 3 天，就是撕日历的日子 12 号。"

小双眼珠转了转，他在琢磨着什么："这么说，你撕的是 7 号、8 号、9 号、10 号、11 号这 5 天的日历。7＋8＋9＋10＋11＝45，对！可是……"

阿里巴巴摸摸小双的头说："小双，你还有什么怀疑的吗?"

"这 5 天有没有可能是跨月的，比如 31 号，接着是下月的 1 号、2 号、3 号、4 号。"

"想得好!"大双夸奖小双说，"可是 $31 + 1 + 2 + 3 + 4 = 41$，不够 45。如果上一个月取 2 天，就拿 2 月份来说，取最后 2 天 27 号和 28 号，但是 $27 + 28 = 55$，已经超过 45 了，不可能取。"

"看来只能是 12 号这一个答案了。"阿里巴巴点点头，接着催促大双、小双，"进了金字塔，咱们就快往上爬吧!"

小双抬起头，眯着眼向上看："上面有什么好看的?"

阿里巴巴拍拍小双的肩膀，说："当然有好看的了! 咱们先到王殿看看国王胡夫的木乃伊。"

"木乃伊是什么东西?"

"木乃伊就是经过特殊处理的干尸。"

"干尸? 哇!"听说是干尸，小双大叫一声，吓晕过去了。

5. 巧遇大胡子

大双一看小双吓晕过去了，可着了急了，又拍后背，又掐人中："小双，小双，你醒醒。"

忙活了好一阵子，只听小双嗓子里"咕噜"响了一声，然后才缓过气来。

阿里巴巴安慰说："干尸已经死了好几千年了，小双，你不用害怕。"

小双哭丧着脸说："越老越可怕呀！"

待小双缓过劲来，三个人沿着上行通道继续往上爬。

153

　　阿里巴巴嘱咐说："爬上行通道也不容易，每爬一步都会遇到危险！"

　　小双毕竟是个孩子，一缓过劲来，就又恢复了活泼调皮、敢冲敢闯的本色："你不用吓唬我，除了干尸，我什么都不怕！"

　　爬着爬着，突然听到有人大喝一声："看刀！"接着银光一闪，从拐角处闪出一把明晃晃的阿拉伯弯刀，直奔阿里巴巴砍去。

　　阿里巴巴大吃一惊，低头闪过弯刀，嘴里哇哇大叫："哇！要命啦！"一边叫，一边赶紧抽出腰间的弯刀，和这个蒙面人打在了一起。

　　混战中，阿里巴巴架住对方的弯刀，大声喝问道："你是什么人？敢暗算我阿里巴巴！"

　　蒙面人瓮声瓮气地说："我乃小四十大盗的老大卡西拉是也！阿里巴巴拿命来吧！"说完手底也不含糊，一刀就向阿里巴巴砍去。阿里巴巴忙举刀相迎。两人你来我往，硬是不分高下。

大双、小双在旁边干着急。大双心想："照这样打下去，也不知打到猴年马月，得想个法子。对了，小双练过中国式摔跤……"于是，他拉过小双，在小双耳边嘀咕了几句。

小双点点头，瞅准时机，"嘿"的一声，冲上前抱住卡西拉的大腿一转身，把他摔倒在地，手中的弯刀也摔出去老远。

卡西拉大叫："救命哪，我要滚下去了！"说着他顺着斜坡"叽里咕噜"滚了下去。

大双在一旁拍手称快。阿里巴巴好奇地问："小双，你这么小的个子，怎么能把那个大块头摔下去？"

"嘿嘿！"小双得意地说，"这叫'四两拨千斤'，露一小手，见笑，见笑！"

小双找到卡西拉丢掉的弯刀，高兴地说："这是我的战利品！"

这时，一旁的大双突然有了新发现："快看，弯刀上还穿着一张纸条哪！"

小双仔细一看，果然弯刀上穿着一张纸条。小双拿下纸条，发现上面有飞碟的记号："我的天，上面有飞碟的记号！"

大双一听忙抢过纸条："这是外星人出的第三道题，快给我！"

大双开始读题："把两箱鸭蛋和四箱鸡蛋放在一起，这六箱蛋的数目分别是44个、48个、50个、52个、57个、64个。只知道鸡蛋的个数是鸭蛋的2倍，问哪两箱装的是鸭蛋？"

大双好奇地问："外星人也吃鸡蛋和鸭蛋?"

小双搞笑地说："他们也不怕得禽流感!"

阿里巴巴看着大双问："这题怎么做呀?"

"先把这6箱蛋加起来 44 + 48 + 50 + 52 + 57 + 64 = 315,根据鸡蛋的个数是鸭蛋的 2 倍这个关系可以知道,总数必然是 3 的倍数。"

阿里巴巴又问："往下怎么做?"

"总数的 $\frac{1}{3}$ 就是 315 ÷ 3 = 105 (个),因此鸭蛋的总数是 105。这六箱中能凑成 105 的只有 48 + 57 = 105,所以必然是装 57 个和 48 个的那两箱装的是鸭蛋。"

"外星人为什么要把鸭蛋找出来呢?"小双的脑袋瓜就是稀奇古怪,居然提了这么一个问题。

阿里巴巴想了想,一本正经地说："也许在他们那个星球上,只有鸡,没有鸭子。"

大双问："照你这么说,他们是想把鸭蛋拿回去,

在他们星球上繁殖鸭子喽?"

小双插话道: "那我就在他们星球上开一个'全聚德'烤鸭店。哈哈! 天天吃烤鸭。"

大双笑着说: "也不知外星人爱不爱吃烤鸭?"

小双晃着脑袋说: "他们爱不爱吃, 我不管, 反正又解出了一道外星人出的题。"

小双正说得高兴, 突然从后面伸出两只大手, 抓着他的衣服, 把他从地上揪了起来。小双吓得魂飞魄散, 一边蹬腿一边叫喊: "怎么回事? 勒死我啦!"

小双转头一看, 见一个又高又壮, 满脸长着大胡子的中年人, 正鼓着一双电灯泡似的大眼睛死死盯着他。

小双吃力地问: "你——你想干什么?"

大胡子瓮声瓮气地说: "你是说把金字塔里的问题解决了? 我的问题你能解决吗?"

"什么问题?"

大胡子把小双往上提了提: "我问你, 为什么金字塔的重量乘 10^{15} 等于地球的重量?"

小双先"哎哟"了一声："你……你别那么使劲。什么是 10^{15}？我不知道。"

"连 10^{15} 都不知道！"大胡子不屑地说，"10^{15} 就是在 1 的后面画上 15 个零。"

"也就是说 $10^{15}=1000000000000000$。"大双补充说。

"对！"大胡子突然又把小双往上提了一下，问："为什么金字塔塔高 $\times 10 \times 10^9 \approx 1.5$ 亿千米 = 地球到太阳的距离？"

"哎哟，我的妈呀！"小双又大叫一声，"我不知道。哎，你慢点提行不行！"

听到小双说不知道，大胡子来气了，干脆把小双一

喂！不知道尊老爱幼、怜香惜玉啊！

下子提过了头顶："我问你，为什么金字塔塔高的平方＝金字塔侧面三角形的面积？"

"求你了，别往上提了，再提我要上天啦！我说过，我不知道。"

大胡子发怒了，他瞪着眼睛问："你什么都不知道，怎么敢说把金字塔里的问题解决了？"

"唉！"小双满脸委屈地说，"我们解决的不是金字塔里的问题，是外星人出的数学题。"

阿里巴巴实在看不下去了，扑了过来，大喊一声："你这个大男人，怎么敢对一个小孩子如此无理？你给我躺下吧！"接着阿里巴巴来了一个阿拉伯式的摔跤，"扑通"一声把大胡子摔倒在地。

"哎哟！"大胡子叫了一声，"哇，我真听话！他让我躺下我就躺下了。"

小双虽然也摔了一跤，但他迅速爬了起来，扶起大胡子："大胡子叔叔，你提的问题都是很重要的问题，虽然我现在解决不了，将来我一定会给你解决的。"

　　阿里巴巴拉过小双说："这个人精神好像也不太正常，你别给他解释了，快往上爬吧！"

　　大双也催促说："小双走吧！"

　　没想到大胡子一把拉住小双不让走："你们别把我丢下，我要和你们一起走！"

　　"怎么办？"小双没主意了。

　　阿里巴巴把大双、小双拉到一边，小声说："他神神道道的，不能带他走！"

　　大双也低声说："可是怎么拒绝他呢？"

　　小双略一思忖，有了主意。他走到大胡子跟前，说："这样吧，你来说一个童谣：一只青蛙一张嘴，两只眼睛四条腿，呱呱跳下水。两只青蛙两张嘴，四只眼睛八条腿，呱呱跳下水。你一直说到十只青蛙，如果不说错，说明你计算能力不错，我们就带你走。"

　　"好，好！咱们一言为定。"大胡子手脚并用，开始数，"三只青蛙三张嘴，六只眼睛十二条腿，呱呱跳下水。四只青蛙四张嘴，九只眼睛……唉，怎么九

只眼睛？多了一只眼睛……"

小双小声说："趁他数糊涂了，咱们赶紧走吧！"阿里巴巴和大双、小双一溜烟似地跑了。

6. 探索石棺的秘密

三个人爬完了大通道，前面出现一间石室。

阿里巴巴喘着气指着石室说："看！这就是王殿。"

大双也气喘吁吁地说："终于到了，咱们进去吧！"

大双和阿里巴巴一前一后走进了石室，唯独小双站在石室门口，全身发抖，就是不进来。

阿里巴巴转身冲小双招招手："小双，快进来呀！"

小双摇摇头，嗫嚅着说："我……我不进去。"

大双奇怪了："为什么？"

"里面有木乃伊，干尸！"小双的声音越来越小。

阿里巴巴和大双连说带劝，终于把小双说服了。小双不情不愿地跟在他们后面，眼睛盯着脚尖不敢看前方，好像怕踩上什么地雷似的。

进得石室，只见石室里除了一个没有盖的石棺，其他什么也没有。

大双说："那里有一个没有盖的石棺，我过去看看。"说着大双就朝石棺走去。

阿里巴巴说："听说石棺里空空如也，里面什么也没有，是一口空棺材！"

话音刚落，突然从石棺里传出声音："谁说空空如也呀？谁说是一口空棺材呀？"

"哇！胡夫法老的干尸说话了，吓死人啦！"小双本就胆战心惊的，一听棺材里传出声音，吓得转头就跑。阿里巴巴一把拉住了小双："别害怕！我过去看看。"

阿里巴巴"噌"的一声，抽出了腰间的弯刀，大

声问道："你是什么人？敢躺在石棺里装神弄鬼，快给我出来！不然的话，别怪我的弯刀不认人！"

"别，别，别动武！我是活的！"只见一个干瘦的埃及老头慢慢从石棺里坐起。

小双一看石棺里坐起一个老头，吓得跳了起来："哇！你看这个老头，又干又瘦，一定是胡夫的干尸活啦！"

阿里巴巴一个箭步蹿了过去，把弯刀架在老头的脖子上，喝问道："你到底是什么人？快说！"

埃及老头吓得直哆嗦："我……不是坏人……只不过……我年轻时干过几年……盗墓的行当。"

阿里巴巴收起了弯刀："是退休的盗墓贼！你这次来，偷着什么啦？"

"这金字塔被盗了几千年了，现在什么也没有了，我只是在石棺里找着这么一张纸条。"老头颤颤巍巍地从石棺里拿出一张纸条。

大双接过纸条一看，兴奋地说："纸条上画有飞

碟的记号，这是外星人出的第四道题！"

"快念念。"

大双念题："小双想从百米跑道的起点走到终点。
他前进 10 米，后退 10 米；再前进 20 米，后退 20 米。
就这样，小双每一次都比前一次多走 10 米，又退回
来。这样下去，他能否到达终点？"

小双听了题目，来劲了："怎么？外星人出的题
目里还有我小双哪！看来，我小双名扬宇宙啊！可是
题目里说我，一会儿前进，一会儿又退了回来，我小

双没事瞎折腾啊？"

"哈哈！外星人都知道你小双爱折腾！"大双和阿里巴巴大笑。

阿里巴巴琢磨这道题："小双一会儿前进，一会儿又退了回来，他这样走，永远走不到终点哪！"

小双也说："我是白折腾！"

大双却说："不，小双不是白折腾，小双可以走到终点。"

阿里巴巴挠了挠头，说："这怎么可能呢？"

"小双走到第十次就可以到达终点。小双第一次前进 10 米，退回到起点；第二次再前进 20 米，又退回到起点；虽然这样，可他第十次是前进了 100 米就走到了终点，这样小双就没必要再退回来了。"

小双竖起大拇指："说得对！看来，我小双没有白折腾，我第十次终于走到了终点。"

"可是胡夫的墓室里怎么会空无一物呢？连干尸都没有。"小双显得十分失望。

　　大双忽然想起什么似的，转头问那老头："既然这座金字塔里什么也没有，你躺在石棺里干什么?"

　　小双一瞪眼睛："你是不是想装干尸吓唬人?"

　　老头摆摆手说："不，不，我没那么坏。我只是想体验一下 18 世纪法国皇帝拿破仑的感受。"

　　"奇怪了，你躺在石棺里和拿破仑有什么关系?"小双弄不明白。

　　"嘻，这你就有所不知了。"老头慢吞吞地说，"这是一段真实的历史。18 世纪，法国皇帝拿破仑带兵攻占了埃及，他来到这间法老胡夫的墓室。不知是什么原因，他决定单独一个人在这间墓室里待上一夜。"

　　小双惊呼："哇! 拿破仑好大的胆子，敢一个人在这里过夜!"

　　老头左右瞄了瞄："这里除了石棺，什么也没有。我想，拿破仑一定是睡在这口石棺里的。"

　　"后来呢?"

老头说："既然拿破仑敢在这里睡，我为什么不敢？于是，我也想睡在石棺里，尝尝是什么滋味。"

大双插嘴说："你知道拿破仑在这个石棺里睡了一夜后，感觉如何呢？"

老头神秘地说："据说第二天早上，他浑身发抖，脸色苍白地走出了墓室。至于这一夜墓室里发生了什么，他始终没说。"

阿里巴巴叹了口气，说："唉，又是一个千古之谜！我说老先生，这么恐怖的地方，你也敢躺下睡觉？"

老头笑了笑："我也是走累了，想躺在石棺里休息一下。另外，顺便看看金字塔里还有没有没被发现的藏宝地点。"

小双听完拿破仑的故事，背脊发凉，总觉得这里阴森森的，直想赶紧离开。他嚷道："这里不好玩，咱们赶紧走吧！"说完拉着大双和阿里巴巴就往外走。

阿里巴巴提醒说："一般盗墓贼都不是一个人，

咱们还要留神他的同伙！"

7. 走进了岔路

大双问阿里巴巴："看完了王殿，该去哪儿了？"

阿里巴巴用手往上一指："应该到金字塔的塔顶上去看看。站在塔顶，周围风光一览无遗。"

听说要到塔顶，盗墓的老头连忙跑过来阻拦："金字塔的塔顶可是去不得呀！"

"为什么？"大双不明白。

老头紧张地说："金字塔塔高约 146 米，共有 201 层。有些游客冒着生命危险爬到顶端，刻下自己的名字。可你知道吗，不知有多少人掉下去摔死了。"

小双有点不相信，说："你不是在吓唬我们吧？"

老头十分认真地说："据书上记载，在 1581 年，一位好奇的绅士爬上了顶端，因为眩晕从顶端掉了下去，摔得粉身碎骨，连人的形状都看不出来了。"

　　小双吓得直吐舌头："我的妈呀，太可怕啦！咱们还上吗?"

　　大双鼓励他说："一定要上！不到长城非好汉，咱们不上到金字塔的顶端也不算男子汉!"

　　阿里巴巴向老头打听上金字塔塔顶的走法："老人家，从这里上金字塔塔顶怎样走?"

　　老头往外一指："出了门往右拐。"

　　"谢谢您!"阿里巴巴、大双和小双谢过了盗墓老头，走出了墓室。

　　老人见他们执意要上塔顶，叹了一口气："嘻！不听老人言，吃亏在眼前。"

　　三个人沿着老头所指的方向走了一大段路。这一段道路特别窄，路也高低不平，阿里巴巴觉得有点不对劲。

　　阿里巴巴停了下来："唉，不对劲啊！这条路怎么坑坑洼洼的，好像很少有人走这条路似的。"

　　小双也觉得不对劲："咱们是不是上了盗墓老头

的当了?"

突然,大双大叫一声:"看!墙上有张纸条。"大家仔细一看,果然墙上有张纸条。

大双摘下纸条,看了看:"纸条上面画有飞碟的记号,是外星人出的第五道题!"

阿里巴巴催促:"快念念。"

大双大声念道:"上一次,我们500名外星人来到地球做好事。有一半男外星人每人做了3件好事,另一半男外星人每人做了5件好事;一半女外星人每人做了2件好事,另一半女外星人每人做了6件好事。全体外星人共做了2000件好事,对吗?"

小双摸着头装作非常遗憾的样子说:"啊?外星人共做了2000件好事?我怎么一件也没看见啊!"

阿里巴巴笑着说:"地球这么大,外星人做点好事,你哪都能看见呀!"

"这道题我知道应该用乘法去做,可是男外星人有多少,女外星人有多少都不知道啊!"小双学老外的样

子，耸耸肩，两手一摊表示无能为力。

"不知道也不要紧。由于有一半男外星人每人做了3件好事，另一半男外星人每人做了5件好事，所以每个男外星人平均做了4件好事。"

经过大双的提示，小双有点开窍了："哦，我明白了。女外星人也一样，一半女外星人每人做了2件好事，另一半女外星人每人做了6件好事，平均每人做了4件好事。"

"这样一来，500名外星人，不管男女，平均每人都做了4件好事，总共做了 $4 \times 500 = 2000$ 件好事。"大双把题做完。

阿里巴巴高兴地说："看来，做2000件好事这个答案是对的了。"

小双高兴地跳了起来："哇！我们做出了外星人出的5道题了！"

阿里巴巴可没有小双那么高兴："小双你别闹了。看来这条路肯定不是通塔顶的路，咱们还是想法看看

怎么出去吧，不能总在这里转悠啊！"

哥儿俩点点头。大双向四周仔细看了看，指着墙上画的一个箭头说："看，墙上画有一个箭头！我想顺着箭头所指的方向走，一定可以走出去。"

三人顺着箭头所指的方向往前走，可是越往前走光线越暗，道路也越走越窄，最后三人只能爬着前进。

小双有点受不了了："这是什么路啊？弄得咱们像狗一样往前爬。"

阿里巴巴摇摇头说："看来这是一个遗留下来的盗洞！"

小双气愤地说："我说一个盗墓贼能给咱们指什么路？"他一抬头，突然"哎哟"大叫一声，原来他不

小心碰到上面的洞壁，头上撞出一个大包。

大双一边帮小双揉头上的包，一边说："这个盗洞很可能就是那个老头过去挖的。"

"非常可能。大双哥，不用给我揉了，咱们还是赶紧出去吧！"小双说完带头往外爬，爬着爬着前面突然亮了起来。

阿里巴巴高兴地喊道："好了，咱们快出去了！"

小双挥舞着拳头，叫道："同志们，加油爬呀！胜利就在前面。"

果然，再往前爬一段就爬出了金字塔。

小双刚一爬出来，就像一只小兔子，又蹦又跳："哈，可爬出来了！解放喽！"

大双也出来了，唯独阿里巴巴没有出来，他探出脑袋问小双："小双，你仔细看看，周围有没有人？有没有小四十大盗？"

小双向周围仔细看了看，紧张地叫道："哎呀！阿里巴巴，可不得了啦！金字塔外面人山人海，那些人

大部分都披着黑色的斗篷，看不出谁是小四十大盗。"

听了小双的话，阿里巴巴赶紧又往洞里缩了缩，不敢出来。

阿里巴巴在洞里小声说："这么多人，谁敢说这里面没有小四十大盗？我可不敢出去。"

"阿里巴巴愿意在盗洞里趴着，就让他在洞里呆着吧！大双，走！咱俩往金字塔塔顶上爬。"小双故意逗阿里巴巴，说完就往前走。

"等等！"大双叫住了小双，"咱们要走就一块走，

这是今年流行的新款"露脐装"！

不能让阿里巴巴一个人留在这儿。"

小双"嘿嘿"一乐："我只是想吓唬吓唬阿里巴巴，咱们怎么能丢下他不管哪!"

"咱们还用老法子。不过，这次让阿里巴巴和我换衣服。"说完大双脱下自己的衣服，让阿里巴巴穿上，他穿上阿里巴巴的阿拉伯长袍。

两人穿上对方的衣服后，都显得很滑稽。小双在一旁拍着手："哈哈，好看，好看! 这叫照方抓药!"

8. 万能的金字塔?

大双、小双和阿里巴巴出了金字塔后，看到金字塔门前人们已经排起了长队。这些人都很奇特：有的人捂着自己的脸痛苦地呻吟；有的人抱着头大声地叫喊；有的背着很大的奶桶；还有的抬着成捆的菜苗……

大双诧异地说："这些人是来参观金字塔的吗? 参观金字塔怎么还带着奶桶和菜苗?"

　　小双也很奇怪："我去问问。"说完一溜小跑，跑到捂着自己的脸的人面前。

　　小双问："看来您是牙痛！您牙痛得这么厉害，为什么不去医院，反而来参观金字塔呀？"

　　这位牙痛病人，捂着腮帮子，十分痛苦地说："小朋友，虽说牙痛不算病，可痛起来真要命！你说的对，牙痛是应该上医院，可是我听当地人说，在金字塔里待上1小时，牙就会不疼了。我来金字塔是来治牙痛的。"

　　小双伸伸舌头："啊？金字塔可以治牙痛！真新

178

鲜!"

小双又问另一个捂着头的病人:"您头痛得直叫唤,怎么还来参观金字塔?"

这个病人说:"听人家说,只要在金字塔里待上1小时,我的头就会不痛了。我来金字塔是治头疼的。"

小双又吃一惊:"哇!金字塔变成医院了,除了能治牙痛,还可以治头痛!真新鲜!"

小双跑到背奶桶的人面前:"您能背着这么大一桶牛奶,身体一定很棒,肯定没病。您背这么多牛奶,是准备在金字塔里卖吗?"

背牛奶的人摇摇头说:"金字塔里是不许卖东西的。听人家说,把牛奶放在金字塔里,即使过上好几天,牛奶也能鲜美如初。我是到金字塔里冷藏牛奶的。"

"啊!金字塔是特号电冰箱,可以保鲜?"小双吃惊地蹦了起来。

这时抬菜苗的人凑过来主动对小双说:"听人家

说，把菜苗放进金字塔里，它的生长速度是外面的 4 倍，叶绿素也是外面蔬菜的 4 倍。"

"什么？金字塔是现代蔬菜生产基地！这怎么可能？我晕了！"小双听到这么多新闻，脑袋有点晕，要不是阿里巴巴扶了他一把，说不定就要倒在地上了。

阿里巴巴也不太相信，他对小双说："这都是一些传说，你别信以为真。"

突然，远处传来急促的马蹄声。马蹄声由远及近，可以听出是一群马奔驰而来。

大双竖起耳朵，警惕地环顾四周。他对阿里巴巴说："听，马蹄声！是不是小四十大盗又回来找你来啦？"

听说小四十大盗来了，阿里巴巴立刻慌了神，他一挥手："快！咱们快往金字塔塔顶上爬，小四十大盗的马爬不上金字塔！"

大双、小双也有点害怕，赶紧跟着阿里巴巴往金字塔上爬。不知为什么，小双落在了后面。

阿里巴巴催促说："小双，快往上爬呀！"

小双气喘吁吁地说："唉，我的晕劲儿还没过去哪！"

三个人刚爬上十几层台阶，小四十大盗已经来到金字塔下。

小四十大盗的老大卡西拉往上一指："看！阿里巴巴正往金字塔上面爬哪，快下马往上追！"

40 名大盗，齐刷刷下了马，又"刷"的一声一起抽出了腰间的弯刀，大喊一声："追！"接着像一群恶狼似的朝三人追来。

小双哪见过这种阵势，头上的汗直往下冒，腿也抬不起来了。

小双忽然想起什么似的，问："阿里巴巴，金字塔每层有多高啊？"

阿里巴巴有点奇怪："你问这干吗？——每一层大约有 1.5 米高。"

小双已经累得上气不接下气了，听说每一层大约有 1.5 米高，干脆一屁股坐在台阶上不爬了："哇呀！

我才1.55米，这一层台阶就有1.5米高，我需要跳着往上爬，累死我了！你俩往上爬吧，我是爬不动了！"

再看小四十大盗，他们爬起金字塔来如履平地，不一会儿就追上来了。

小四十大盗齐声高喊："阿里巴巴，化了装也认得你！看你往哪里逃？"

阿里巴巴紧张地回头一看："糟糕，他们追上来啦！"

正在这时，突然从半空中飘下一张纸条，落在小双的头上。

大双指着纸条喊："小双小双，有张纸条掉你头上了！"

小双伸手拿下纸条，看了一眼后把手一举："纸条上面还画有飞碟的记号，是外星人出的第六道题！"

说也奇怪，听到"外星人"三个字，小四十大盗像听到了什么命令似的全都愣在那里，不动了。

小四十大盗中一个特别瘦小的强盗惊恐地说：

"啊？外星人？外星人出的题！"

小双感到奇怪："怪呀，怎么小四十大盗听到外星人就不追了？"

大双想了想："可能小四十大盗怕外星人。"

"有理！"小双有点兴奋，"小四十大盗既然怕外星人，肯定也怕外星人出的数学题了！"

大双双手一拍："说得对！咱们解出外星人出的第六道题，肯定有用。"

阿里巴巴在一旁催促："快念题！"

大双为了让小四十大盗也能听见，成心大声念道："在你们刚刚爬出的盗洞里藏有 3 支枪和 64 颗子弹。把 64 颗子弹放进 3 支枪里，要使每支枪里的子弹数都带 8，并且每支枪里的子弹数都不一样。如果放得对，就可以用这些子弹消灭任何敌人。"

阿里巴巴直发愣，他自言自语地说："64、3、8 这三个数有什么关系？"

小双满有把握地说："当然有关系了！"

"有什么关系？"

"大双一看就知道。"

阿里巴巴把嘴一撇："说得气壮如牛，我还以为你知道这3个数的关系哪！"

大双说："64和8都是子弹的数目，先从这两个数考虑：比64小的，带8的数一共有六个：8，18，28，38，48，58。题目要求从这六个带8的数中选出三个，使这三个数的和恰好等于64。"

小双先用左手拍了一下前脑门，又用右手拍了一下后脑勺，马上答道："这个我会！由于8＋18＋38＝64，所以，3支枪里的子弹数分别是8颗、18颗和38颗。"

大双一拍小双的肩膀："你这前拍后拍还真管用，就是这三个数。"

小双冲阿里巴巴做了一个鬼脸："嘿，我一拍就知道吧！"

听了题目的答案，卡西拉倒吸了一口凉气："不好！我们才40个人，他却有64颗子弹，送咱们一人

一颗子弹，还多出 24 颗哪！"

小四十大盗中一个胖胖的强盗说："妈妈呀，咱们当中肯定有人至少中两颗子弹。我胖，我准吃两颗枪子！"

卡西拉一挥手，高喊道："弟兄们，他们手中有枪，快撤！"

随着一阵杂乱的马蹄声，小四十大盗走远了。

小双高兴得差点跳了起来："好险哪！这下好了，小四十大盗全吓跑了！"

阿里巴巴抹了一把头上的汗："我的妈呀！又过了一关。"

小双不干了："我说阿里巴巴，你说带我们找 10 道外星人出的数学题，说把题目解出来，外星人就带我们去火星玩。可是咱们在金字塔里转了一大圈，除了一个盗墓的干瘪老头，什么宝贝也没看见。数学题也只找到 6 道，还差点让小四十大盗给杀了！我不跟你玩了！"

阿里巴巴笑嘻嘻地说："小双，胡夫金字塔因为来的人多了，好东西都被盗墓贼偷光了。我带你们俩去一座还没被发掘过的坟墓，听说，那里面净是好宝贝！"

小双一听来精神了，把手一挥："那还等什么？咱们快走吧！"

"慢着！"大双问，"阿里巴巴，咱们在胡夫金字塔只找到外星人留下的6道数学题，现在到别的坟墓去，剩下的4道数学题还能找到吗？"

阿里巴巴飞身上了他的毛驴，右手一拍胸脯："没问题！包在我身上了，肯定能找到，你们俩快跟我走吧！驾！"他左手在驴屁股上猛拍了一把，毛驴往前一冲，撒腿就跑。

小双也赶紧拉过单峰骆驼，招呼大双："哥，快上骆驼！"

9. 恐怖的诅咒

阿里巴巴骑着毛驴，沿着尼罗河一个劲地往前赶，大双和小双合骑一头骆驼紧紧跟在后面。途中他们经过一处集市。集市非常热闹，人来人往，有卖吃的、卖穿的，还有卖工艺品的，最吸引大双和小双的是卖古董的。小双好奇地看着这一切，突然一个埃及老人面前摆放着的一堆古旧树叶，引起了小双的注意。他溜下骆驼，跑了过去。

小双翻动着这些古旧树叶，突然大喊一声："快来看，这里有飞碟记号！"

"有这等事？"阿里巴巴和大双一听赶紧跑过来。

"这应该是外星人留下的第七道数学题。"等大双跑过来一看，却傻眼了：树叶上画了许多不认识的奇怪符号（下页图2-7）：

图 2-7

小双问埃及老人："老爷爷，您认识树叶上的这些符号吗？"

"当然认识。" 埃及老人说，"这可不是树叶，这是埃及著名的'纸草书'。'纸草'是尼罗河三角洲出产的一种水生植物，形状像芦苇，把它晒干刨开，摊开压平后可以在上面写字。四千年前的古埃及人就把它当纸用。"

"您快说说这上面的符号是啥意思吧！"小双非常着急。

"这是古埃及的象形文字。最左边的三个符号表示的是'未知数'、'乘法'和'括号'；第四个符号是3根竖线，表示3；第五个符号'小鸭子'表示'加号'；第六个符号上半部分的'⌒'表示10，再加上下面的2根竖线，表示12；第七、第八、第九个符号

189

连在一起表示括号和等号，最右边的符号表示 30。"

根据老人的翻译，大双列出了一个方程：

$$x \cdot (3 + 12) = 30。$$

"这个方程我会解。"小双自告奋勇解起来：

$$15x = 30，\qquad x = 2。$$

"未知数 x 等于 2。"小双解完后不以为然地说："这外星人数学水平也不高啊，怎么出的题这么简单呀！"

突然，大双无意中发现人群里有一个人特别像小四十大盗的成员，他悄悄对阿里巴巴耳语了几句。

"啊！"阿里巴巴大吃一惊，飞身上了毛驴，在驴屁股上猛拍了两掌，"你们俩还不快走！我可先走了，驾！"毛驴一激灵，飞快地往前奔。大双、小双也上了骆驼，猛追了上去。

阿里巴巴边跑边往后看，跑出去好远，他才让毛驴放慢了脚步。这时，大双和小双才有时间观看沿途的景色，一路上看到了许多大大小小的古墓。

小双奇怪地问："阿里巴巴，这里怎么有这么多的古墓？"

"咱们进入了有名的帝王谷了。这里分布有 64 座帝王墓，咱们要找的图坦卡蒙墓就在这里面。"

说也奇怪，阿里巴巴进入帝王谷后并没有仔细寻找图坦卡蒙墓，而是领着大双、小双这里转转，那里转转，把哥儿俩都转晕了。

小双有点生气了："我说阿里巴巴，你没毛病吧？你怎么带着我俩转个没完了？"

阿里巴巴停下来，环顾四周，压低声音说："是这样，表面上看好像小四十大盗被我们甩掉了，实际上他们并没有被我们拉下，有可能他们在后面偷偷跟着咱们哪！我是要通过转圈甩掉他们。"

在一座很大的古墓前，阿里巴巴飞快地下了毛驴，招呼大双、小双赶紧下骆驼。他把毛驴和骆驼拴在石桩上，左手拉起小双，右手拉着大双，说了声："快走！"猫着腰撒腿就跑。

一阵狂奔之后，三人在一堆沙丘前停下。大双抹了一把头上的汗，问："阿里巴巴，小四十大盗为什么总是跟着你？"

"唉！"阿里巴巴先叹了一口气，"小四十大盗跟着我，一方面是找我报仇，更主要的是想跟踪我，通过我找到图坦卡蒙墓。他们知道图坦卡蒙墓中有许多价值连城的宝贝。"

小双着急地说："嘿，那可不成！这些宝贝可不能让他们拿到！"

阿里巴巴脸色凝重地点点头，然后弯下腰从沙子里找出 3 把铁锹，对大双、小双说："这是我藏在这里的铁锹，咱们赶紧挖沙丘吧！"三个人挥舞着铁锹，挖了有一个多小时，终于挖到一扇门。

阿里巴巴忙招呼大双、小双停下，悄声对他们说："就是它！"说完推开门，里面漆黑一片。大双打亮手电，首先看到的是一块石板，石板上刻有古埃及的象形文字。阿里巴巴认识象形文字，他念道："无论是

谁，只要打扰了图坦卡蒙国王的宁静，死神就会与之相伴。"

小双听完，大叫："哇！可怕的诅咒！我可不想和死神做伴。"

大双用手电照了照，看到前面不远有扇门，门是关着的，门上写着古埃及的象形文字，旁边有一个摇把。

阿里巴巴念道："把摇把摇⊙下，门可打开。"

"这⊙下是多少下呢？"大双紧皱眉头，"这周围

应该有什么提示吧！"想到这，大双拿手电在门周围仔细照了照，没发现任何线索。

大双转过身，拿手电一晃，突然大叫起来："看！飞碟符号！"

原来飞碟符号画在写着诅咒话语的石板后面，符号下面写着："有四个数，其中每三个数相加得到的和分别是 31，30，29，27。⊙是这四个数中最大的一个。"

小双高兴地说："这是外星人留下的第八道数学题。"

大双想了想，说："把题目给出的 4 个和数相加，结果是 31＋30＋29＋27＝117。"

小双问："这个 117 代表什么呢？"

"题目中没有给出四个数具体是多少，只告诉这四个数中的每三个数都要相加一次。小双你说说，每一个数都加了几次？"

"我想想啊！"小双说，"比如说，这四个数是 a，

b，c，d。4 个数每次取出 3 个相加，一共有 4 种不同的结果，即

$$a+b+c,\quad a+b+d,\quad a+c+d,\quad b+c+d,$$

也就是说，每一个数都加了 3 次。"

"对！每一个数都加了 3 次。也就是说，117 是这四数和的 3 倍。$117 \div 3 = 39$，这四个数之和是 39。"

"往下怎么做？"

"既然 39 是四个数之和，用 39 减去三数和中的最小数 27，所得的一定是这四个数中的最大者。因此，最大的数是 $39 - 27 = 12$。"

大双刚算完，小双就快步跑到门前，双手握住摇把用力摇了起来："1，2，3，…"

10. 狼！狐狸！

小双使尽了吃奶的力气，摇了 12 下摇把，只听"轰隆"一声响，图坦卡蒙国王墓的大门打开了。

墓里面漆黑一片。"我看看墓里有什么宝贝?"小双夺过大双手中的电筒,一个箭步就蹿了进去。小双往左边一照,"哇!"的尖叫了一声,接着往右边一照,又"哇!"的尖叫了一声。

小双的两声尖叫,把阿里巴巴和大双吓了一大跳。他俩赶紧跑了进去,这时小双已经吓得动不了啦。大双向左一看,看到那里站着一个人;向右一看,一个一模一样的人也站在那儿,两个人面对面站着。

大双也有点害怕,他捅了一下阿里巴巴:"这墓里有人!"

"不可能!"阿里巴巴仔细看了看,"这是守墓的,是假人。"

大双用手电筒仔细看了看这个假人,发现假人是用木头做的,"皮肤"是黑色的,身穿金裙,脚穿金鞋,手握权杖,头上盘着一条可怕的眼镜蛇。

大双摸了一下权杖,突然盘在假人头上的眼镜蛇嘴一张,一张纸条飘飘悠悠从眼镜蛇嘴中落了下来。

大双一眼就看到了纸条上画有飞碟记号："看！飞碟记号！"

大双这么一喊，把小双惊醒了。他懵懵懂懂地说："什么……什么飞碟记号……"

阿里巴巴摸了摸他的脸说："可怜的小双，那是个假人！"

小双这才彻底清醒了过来。他抢过纸条，高兴地说："咱们找到了外星人留下的第九道题了！大双哥，快念题。"

大双大声读："我准备了3堆珍珠，每堆珍珠数都一样多，珍珠有黑、白两种颜色。第一堆里的黑珍珠和第二堆里的白珍珠一样多，第三堆里的黑珍珠占全部黑珍珠的 $\frac{2}{5}$。把这3堆珍珠集中在一起，如果小双能算出黑珍珠占全部珍珠的几分之几，我就把这些黑珍珠都送给小双。"

小双瞪大了眼睛，自言自语地说："我的妈呀！

死了快三千年的图坦卡蒙国王，还知道我小双，还送给我珍珠？大双哥快帮帮忙。"

大双说："图坦卡蒙国王是让你算的。"

小双把手一摊："可是我不会算哪!"

大双想了一下，说："虽然珍珠数不知道，由于第一堆中的黑珍珠与第二堆中的白珍珠数目一样多，可以把第一堆里的黑珍珠和第二堆里的白珍珠对换一下，使得第一堆全部是白珍珠，第二堆全部是黑珍珠，它们各占全部珍珠数的 $\frac{1}{3}$。"

"好主意!"小双高兴地拍了一下大腿，"这样一来，问题就简化了。可是，往下我还是不会做呀!"

阿里巴巴摸着小双的头，笑着说："你一惊一乍的，我还以为你会解哪! 结果还是卡壳了。"

大双说："这时，第一堆里全是白珍珠了，第二堆里全部是黑珍珠，又已知第三堆里的黑珍珠占黑珍珠总数的 $\frac{2}{5}$，那么第二堆里的黑珍珠就应该占黑珍珠

总数的 $1-\dfrac{2}{5}=\dfrac{3}{5}$。"

"求出这个有什么用呢?"小双还是不明白。

"由于 3 堆珍珠数都一样多,第二堆里的黑珍珠就占全部珍珠数的 $\dfrac{1}{3}$。"大双耐心解释,"这样就可以用'已知部分求全体'的方法,求出黑珍珠占全部珍珠的多少,即

$$\frac{1}{3} \div \frac{3}{5} = \frac{5}{9}。"$$

大双接着说:"最后答案就是黑珍珠占全部珍珠的九分之五。"

阿里巴巴一伸大拇指:"棒!大双分析得头头是道!"

小双点点头:"图坦卡蒙国王说送给我黑珍珠,可是这些黑珍珠在哪儿呢?"

阿里巴巴向里面一指:"肯定在他的棺材里。"

"啊!"听到"棺材"两个字,小双的脸又吓白了。

等小双缓过点劲儿，三个人在黑暗中又摸索着往前走。突然，小双摸到一个毛茸茸的东西，"啊"的一声，小双又是一声尖叫。

阿里巴巴忙问："又怎么啦？"

大双用手电一照，先看到了一张桌子；再往上照，看到桌子上蹲着一只像狼一样的动物。

"狼……狐狸……"小双已经吓得不知说什么好了。

　　阿里巴巴搂住小双，安慰说："不要怕！它是古埃及神话中的狐狼之神阿努比斯，你看它的耳朵又尖又长。那张桌子是祭坛，它蹲在祭坛上是守卫图坦卡蒙国王陵室的入口。"

　　大双想搬开祭坛进入陵室，可是使出吃奶的劲，也没挪动祭坛一下。大双泄气地盯着祭坛，突然，他看到祭坛侧面写了许多字。

　　阿里巴巴念道："如能把下图中'★'处的数填出来，你就能顺利进入陵室。"

1　　6　　2　　5　　4　　8

142　　　　188　　　　★

3　　5　　4　　7　　6　　1

　　小双琢磨了一下，没理出什么头绪，转头问大双："大双哥，这题应该怎样做？"

　　大双想了想，说："这里有三组数，要找出每组数之间的关系和规律。"

　　"对！"小双说，"每组数中，中间的数是个三位

数，而四个角上的数都是一位数。光用加减法不成，必须用乘除法。"

大双在纸上演算了一会儿，高兴地说："规律找到了!"接着写出：

$$(1 \times 1 + 6 \times 6 + 3 \times 3 + 5 \times 5) \times 2 = 142,$$

$$(2 \times 2 + 5 \times 5 + 4 \times 4 + 7 \times 7) \times 2 = 188。$$

小双点点头："中间的数，等于四个角上的数自乘后相加再乘以 2。我来算算★等于多少?"接着小双在纸上写出：

$$★ = (4 \times 4 + 8 \times 8 + 6 \times 6 + 1 \times 1) \times 2 = 234。$$

"★应该是 234，我把它填上。"小双刚想填，突然想起什么似的停住了，"哎，这道题是不是外星人出的第十道题?"

"对呀，我怎么没想到? 我来找一找，看有没有飞碟的记号。"大双拿着手电在祭坛的周围仔细寻找。

无意中，大双看见阿里巴巴在祭坛一面用手摸了一下，然后转身对大双说："看，这里有一个飞碟的

记号。"

大双、小双过去一看，果然有一个飞碟的记号。

"没错！是外星人留下的最后一道题。"小双把234填到★处，只听"轰隆"一声，祭坛自动转到了一边。

11. 飞向火星

祭坛移开后，三人相继进入了图坦卡蒙国王的陵室。一进入陵室，首先看到的是一口石棺，石棺的下面是一尊女神像。女神张开双臂和双翅托住棺材，像是防止有人来侵犯的样子。

三人轻手轻脚地走进石棺。阿里巴巴双手合十，嘴里默念了几句，然后敬畏地打开石棺。三人屏住呼吸，只见眼前金光一闪，定睛往里一看，哇！里面是一口纯金制造的棺材（后来他们称了一下这口金棺，竟有111千克）。再往里是图坦卡蒙国王的金像，金像

做得十分精细，双手交叉分别拿着象征王权的节杖和神鞭。

大双和小双惊叹地看着这一切，不知用什么词来形容才好，只知道不停地说："太漂亮了！太漂亮了！"

他们在陵室里转了一圈，看见了许多由黄金、象牙做成的珍贵文物和稀世珍宝，仅在棺材里的各类宝石就有143块。

正当他们陶醉于这些无价之宝时，忽听到陵室外面有喊声传进："阿里巴巴，快出来，快把里面的宝贝交出来！""不交出来，我们就冲进去，把你们全杀了！"

空气立刻变得紧张起来。小双恨恨地说："可恶的小四十大盗！阿里巴巴，他们把我们包围了，怎么办？"

大双从架子上拿下一杆长矛："咱们冲出去，和他们拼了！"

　　阿里巴巴微笑着摇摇头："他们进不来。小四十大盗非常迷信，当他们看见石板上的咒语，会立刻吓跑的。"

　　小双焦急地问："可是，如果小四十大盗总围着不走怎么办？我们会饿死的！"

　　大双突然想起一个问题："我们已经解出了外星人留下的 10 道数学题，外星人怎么还不带我们去火星上玩啊？"

　　小双也气嘟嘟地说："就是啊，我们全部找到并做出了外星人留下的数学题，可外星人现在在哪儿都不知道？"

　　"跟我来！"阿里巴巴嘴角闪过一丝笑意，走到一面墙前用手轻轻推了一下。说也奇怪，墙居然应声开了一扇门。阿里巴巴闪身走了进去，大双、小双也跟了进去。

　　里面光线十分昏暗，大双、小双跟着阿里巴巴七拐八拐来到一个地方。阿里巴巴推开一扇门，就到了

外面。

大双和小双走出去，立刻被眼前的景象惊呆了。也不知什么时候，阿里巴巴脱掉了老羊皮袄，换上了一身宇航服。前面不远的地方耸立着一架高大的火箭，上面有一艘宇宙飞船。

小双吃惊地问："阿里巴巴，你怎么变成宇航员了？"

阿里巴巴笑着说："我本来就不是阿里巴巴，我就是你们要找的外星人。"

"噢——"小双有点明白，"我们找到的10道题都是你出的，怪不得题目里有我和大双呢！"

大双也回忆起来："祭坛上的题目原本没有飞碟的记号，你用手摸了一下，立刻就出现了飞碟的记号，我当时就觉得奇怪。"

"走吧！10道题都做出来了，我要履行诺言，带你们到火星上去玩一趟，快上宇宙飞船。"外星人带着他俩登上了宇宙飞船。

　　火箭启动了，在巨大的轰鸣声中，火箭带着宇宙飞船，飞向了太空。

　　大双和小双同时向地面招手："再见了地球！我们还会回来的!"